Bibliothèque

D'INSTRUCTION POPULAIRE.

MAITRE PIERRE,

OU

LE SAVANT DE VILLAGE.

ENTRETIENS

SUR

LE SYSTÈME MÉTRIQUE.

Par Bonnaire,

CHEF AU MINISTÈRE DU COMMERCE,
ANCIEN SOUS-INSPECTEUR DIVISIONNAIRE DES POIDS ET MESURES.

Prix : 50 c., broché.

Paris,

PITOIS-LEVRAULT & Cie,

RUE DE LA HARPE, N. 81.

MAITRE PIERRE,

OU

LE SAVANT DE VILLAGE.

Extrait de la lettre de son Excellence le Ministre du commerce.

« J'apprécie le but et l'exécution de votre tra-
« vail. Je sais que vous avez été au nombre des
« plus empressés solliciteurs de la loi du 4 juillet
« 1837, et j'aime à vous compter au nombre de
« ceux qui en facilitent l'exécution. Je ne doute
« pas que votre écrit ne puisse utilement se ré-
« pandre. »

Au nombre des témoignages que l'auteur a reçus, nous citerons celui de M. le vicomte d'Aban-
court, pair de France, qui s'est exprimé en ces
termes :

« Vous avez attaché votre nom à une œuvre
« essentiellement utile, et la forme que vous lui
« avez donnée contribuera beaucoup à populariser
« l'ouvrage. »

L'honorable général Demarçai ajoutait à ces
éloges les réflexions suivantes :

« C'est un petit ouvrage excellent, comme il
« convient d'en faire, et qui atteint le but que
« vous vous êtes proposé. Vous l'avez destiné à
« l'instruction populaire, et je connais bon nom-
« bre de personnes, d'un rang élevé, qui feraient
« très bien de le lire et de l'étudier. »

M. Bellioud, député de la Loire-Inférieure, écri-
vait aussi à l'auteur :

« La clarté, la tournure familière de vos entre-
« tiens, pleins de sens, les mettent tout-à-fait à la
« portée de nos campagnes, et il est vivement à
« désirer qu'ils deviennent populaires. »

M. le baron Charles Dupin et M. Tarbé ont aussi
adressé à l'auteur les témoignages les plus flatteurs
sur son ouvrage.

MAITRE PIERRE,

OU

LE SAVANT DE VILLAGE.

ENTRETIENS

SUR LE SYSTÈME MÉTRIQUE.

Par M. A. BONNAIRE,

Ancien inspecteur divisionnaire des poids et mesures.

A tous les temps,
A tous les peuples.
(Loi du 19 frimaire an VIII.)

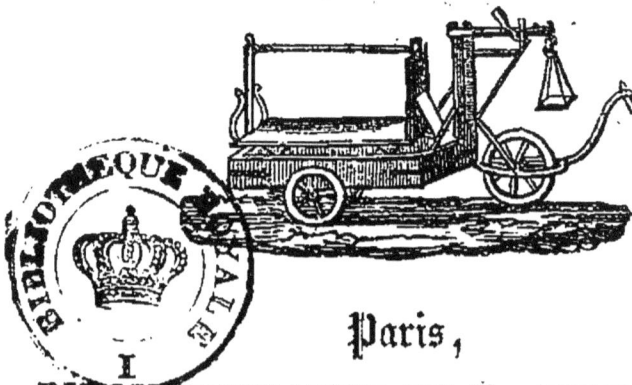

Paris,
PITOIS-LEVRAULT ET Cie, LIBRAIRES,
RUE DE LA HARPE, 81.
1839.

Tout exemplaire qui ne sera pas revêtu de notre signature, séra réputé contrefait et poursuivi conformément aux lois.

Imprimerie d'Hippolyte Tilliard, rue St-Hyacinthe-St-Michel, 30.

MAITRE PIERRE,

ou

LE SAVANT DE VILLAGE.

CHAPITRE PREMIER.

De la nécessité d'un poids et d'une mesure uniformes.

Maître Pierre, que des affaires avaient conduit à Quimperlé, assistait un jour, par désœuvrement, à une séance de la justice de paix : deux marchands de grains s'y disputaient vivement sur la contenance réelle de la mesure qui leur avait servi de règle, prétendant, l'un qu'elle était trop petite, l'autre affirmant le contraire.

— Représentez-moi la mesure, leur disait le juge, pour que j'en reconnaisse la légalité, et que j'en fasse constater la conformité, l'exactitude.

Et les parties apportèrent bientôt à l'audience une ancienne mesure locale.

— Ce n'est pas là une mesure, leur dit le juge.

— Mais nous n'en connaissons pas d'autres; vos décalitres, vos kilogrammes, qui s'y connaît? chacun s'y embrouille.

— Et chacun, trompeur ou trompé, s'expose, comme vous, à des procès; ainsi qu'il n'y a qu'une justice, il ne peut y avoir qu'un poids et une mesure : le bon ordre et la paix en dépendent.

— Alors que décidez-vous? demanda l'acheteur.

— Que pour ne point avoir exigé l'emploi de la mesure légale, vous êtes privé de recours contre le vendeur, qui, de son côté, sera condamné pour s'être servi de l'ancienne mesure, fausse et prohibée. (Art. 424 du Code pénal.)

— Alors le commerce est perdu, répliquèrent les marchands.

— Qu'entendez-vous par là? leur demanda le juge.

— Il ne nous sera plus possible de combiner les différences d'une mesure à l'autre, ce qui faisait notre profit.

— Profit illicite, source de fraudes, leur répliqua le magistrat : les anciennes mesures sont prohibées parce qu'elles sont fausses, vous dis-je ; les modèles en sont détruits depuis plus de cinquante ans ; elles sont hors du droit, et le fait qu'elles représentent est un mensonge ; vos combinaisons, vos comparaisons ne sont bonnes qu'à faire des dupes ou des fripons.

En s'en allant, les deux marchands se disaient entre eux : —Comment à notre âge pourrons-nous jamais comprendre quelque chose à ce qu'ils appellent *déca*, *hecto*, *kilo*, *litre*, *are*, *mètre*, *stère* ? c'est à y perdre la tête !

— Et c'est cependant bien plus facile que vos combinaisons de mesures qui varient d'un village à l'autre, leur dit Maître Pierre, qui les suivait de près.

— Nous nous y casserions la tête que nous n'en saurions pas davantage, lui répondirent les vieux Bretons.

— Je conçois, mes amis, qu'on n'aime pas à apprendre ce qui contrarie.

— Et ce qui nous empêche de faire notre commerce.

— Le beau commerce, en vérité, que de grapiller sur les uns et les autres ; mais vous aurez beau faire, une loi nouvelle est rendue (4 juillet 1837) (1), et vous serez forcés d'apprendre le nouveau système métrique.

— Système métrique! qu'est-ce que cela veut dire?

— Je me charge de vous l'expliquer en un quart d'heure, si vous voulez entrer au cabaret voisin, où je vous paie un litre.

Au lieu d'un litre, le cabaretier servit une bouteille, mais Maître Pierre n'en voulut point : — Le droit se paie au litre, et c'est au litre que je veux qu'on mesure mon vin ; vos bouteilles trompent l'œil que vous ouvrez si bien pour recevoir mon argent, dit-il à l'aubergiste.

— Rien de plus juste, reprirent les marchands; quand la mesure est égale, on n'a plus qu'à s'entendre sur le prix.

— Bien, leur répliqua Maître Pierre ; mais pour qu'il en soit ainsi, il n'en faut point d'autre que celle garantie par la loi; il faut que ce que vous trouvez juste et commode pour vous, le soit pour tout le monde.

Cela dit, on versa le vin, et, quand ils

---

(1) Cette loi se trouve à la fin du volume.

eurent bu un premier coup, ils engagèrent
Maître Pierre à leur faire comprendre ce qu'on
entendait par *système métrique, uniformité,
légalité* de mesures et de poids, et de toutes
ces nouveautés de Paris auxquelles on n'entend rien.

— Ne croyez pas, messieurs, que l'uniformité des poids et mesures soit une chose nouvelle en France; et, loin d'embrouiller les
calculs, je me charge de vous démontrer ensuite qu'elle les rend plus simples.

— Expliquez-nous cela.

Ici Maître Pierre leur raconta que lorsque
les Romains dominaient le monde, plus encore par la force de la raison que par celle
des armes, il n'y avait qu'une mesure et qu'un
poids; cela dura longtemps en France; mais
quand les seigneurs ne reconnurent plus l'autorité du roi, le peuple fut sans protection;
les grands firent les mesures à leur gré, plus
grandes pour recevoir, plus petites pour vendre : il y en eut d'autant d'espèces qu'il y avait
de châteaux et de villes. Cette confusion ren-
dait les échanges difficiles, dangereuses même
pour ceux qui ne connaissaient pas exactement
les rapports qu'elles avaient entre elles : elles
contribuèrent longtemps à l'isolement des pro-

vinces et à empêcher la circulation des denrées et des marchandises.

— Nous le savions bien, nous, s'écria l'un
des deux marchands.

— Et vous en profitiez ?

— C'était le commerce.

— Osez-vous bien nommer commerce ces
petits trafics honteux nés de ce grand désordre qui divise la France : le commerce,
messieurs, est une grande et noble mission,
qui rapproche les hommes, abrège les di-
stances ; au lieu de ces divisions du territoire,
il veut la réunion des peuples par pays et par
langue ; au lieu de ces poids et mesures si divers, il désire l'uniformité, qui faciliterait ses
relations : la probité, d'ailleurs, est, à la longue,
le moyen le plus sûr de faire une fortune honnête ; entre braves gens, les affaires sont sûres
et promptes, et plus on les renouvelle, plus
on gagne.

— C'est vrai, dit le second marchand ; mais
le plus fin est trompé, et puis....

— Quoi, monsieur !

— Il faut bien se rattraper.

— Corsaires à corsaires font mal leurs affaires ; trompeurs et trompés, on se défie les
uns des autres, on se déteste, lorsqu'on pour-

rait vivre en paix. C'est le contentement, c'est le profit vrai qui fait qu'on dort sur les deux oreilles : ce fut donc une grande pensée que celle de l'Assemblée constituante, de mettre fin à cette confusion de mots et de choses dans les instruments du commerce qui veulent le plus de concordance et de simplicité.

CHAPITRE II.

Exposition du système métrique fondé sur la nature.

À ces paroles, les deux marchands interrompirent à la fois Maître Pierre, et l'un d'eux lui dit :

— Elle est belle, votre simplicité, avec ses *déca*, ses *déci*, ses *myria*, ses *hecto*... et puis, qui vous dit que ces mesures nouvelles sont plus sûres que les anciennes que le juge de paix appelle fausses ?

— Oui, fausses et incertaines, sans titre original, sans moyen d'en constater la valeur ; au lieu que le *mètre*, base du nouveau système, étant puisé dans la nature, demeure fixe et invariable.

— Je n'entends rien à tout cela ; votre système, votre nature, votre mètre, c'est pour nous du grec.

— Grec soit, je vais le traduire en français : on entend par système l'assemblage de parties coordonnées de manière à former un tout.

— C'est encore du grec pour nous.

— Connaissez-vous l'agriculture ?

— N'avons-nous pas des terres ?

— Alors vous savez comment le même champ, dans une période de plusieurs années, doit être ensemencé en trèfle, en froment, seigle, avoine, blé de Turquie, pommes de terre, suivant le sol : cette combinaison de cultures successives se nomme système d'assolement.

— Cela se comprend.

— Ainsi, l'on dit système métrique pour -désigner l'ensemble des mesures et des poids dérivés du mètre.

— Alors qu'est-ce que le mètre et comment est-il invariable ?

— Cela ne s'explique pas en deux mots : il faut d'abord comprendre que, pour que la partie d'une chose soit invariable, il faut que cette chose soit telle qu'elle ne puisse elle-même changer : ainsi, par exemple, si vous mesurez la superficie de votre jardin avec une règle de métal qui ne serait point susceptible d'altération, vous êtes sûr de retrouver les justes limites de votre propriété.

— Cela paraît clair.

— C'est par la même raison que, pour donner une mesure en France, on a opéré sur une grande étendue de la terre, base invariable de la mesure mère, dont les autres sont nées, et qu'on a nommée *mètre*, ou *unité naturelle*, parce qu'elle a été prise dans la nature, dans la mesure de la terre, dans ce que la création offre à l'homme de plus grand, de plus immuable.

— Pourriez-vous nous expliquer comment on a pu mesurer la terre pour en former votre *mètre* ?

— L'histoire et les détails de cette grande opération nous conduiraient trop loin ; il nous suffit à nous autres de savoir que les savants de l'Institut, qui prédisent les éclipses à la minute, ont pu mesurer exactement le quart de ce qu'on nomme le méridien terrestre, ou, si l'on veut, le quart de la circonférence de la terre.

— Et qu'est-ce que cela prouve ?

— Attendez un moment : le quart de cette circonférence étant justement mesuré ; sa dix-millionième partie a été nommée *mètre*, mesure principale, dont la longueur est égale à la quarante-millionième partie de toute la circonférence de la terre.

— C'est une grande idée !

— C'est plus qu'une idée, c'est un fait, une vérité : comme l'œuvre de Dieu qui a fait le

ciel et la terre, le mètre est sacré; ce n'est pas
une longueur de convention comme le pied
de Charlemagne ou le bras de Napoléon, ni
une règle qui puisse s'altérer; le mètre, je
dois le répéter, est l'élément de toutes les mesures; c'est de sa longueur qu'on forme les mesures linéaires; du mètre carré on fait celles
de superficie : du mètre cube, celles de capacité; enfin, du poids d'un volume d'eau égal au
cube de la centième partie du mètre on a formé
le *gramme*, qui est l'élément de tous les poids.

Une loi a consacré la grande opération qui
a donné une mesure vraie et naturelle, avouée
par la raison, constatée par les calculs, et
cette mesure a été dédiée à tous les temps, à
tous les peuples (1).

Le mètre en platine, métal inaltérable, a
été déposé au corps législatif, comme autre-
fois à Rome les modèles des mesures étaient
déposés au capitole; et ce mètre modèle a été

_____

(1) 18 germinal an III. Cette loi a fondé le système décimal, puisé dans la *numération naturelle*
par 10, puisqu'au-delà de ce nombre on recom-
mence à compter par un jusqu'à 20, 30, 100. On
pourrait aussi dire que l'arithmétique de certains
insulaires est aussi décimale, puisque leurs dix
doigts leur servent de chiffres.

nommé *étalon prototype* ; le mètre enfin, messieurs, est un monument impérissable, offert au commerce de l'univers, et l'une des plus glorieuses conquêtes de la France au dix-huitième siècle.

— Tout cela nous semble beau, mais ne se conçoit pas aussi aisément que vous le dites.

— Pensez-vous que moi-même je l'ai compris de suite ? l'esprit n'embrasse pas tout d'un coup ; qui apprend lentement, apprend plus sûrement qu'un autre ; l'application fait le savant, et voilà pourquoi le paresseux sera toujours ignorant.

— Et ce qu'on apprend trop vite s'oublie de même, c'est ce que ne cesse de répéter le maître d'école de ma commune, qui se défie toujours de la mémoire des enfants.

— C'est un homme de sens ; on ne sait pas les choses lorsqu'on n'en sait que les mots.

— Aussi, monsieur, reprit l'un des deux marchands, dont le front et les yeux annonçaient l'habitude de la réflexion, je vous prierai de revenir un peu sur vos explications : je conçois bien le mètre comme mesure de longueur, mais pour les autres et pour les poids, je n'ai encore que des idées confuses.

— Nous allons éclairer et fixer ces premières idées, en suivant les termes de la loi fondamentale (1); prenez un crayon et notez.

Pour les mesures de superficie, pour les terrains, on a fait une mesure nommée *are*, égale en carré à dix mètres de côté.

— Cela se conçoit bien.

— On a fait, pour mesurer particulièrement le bois de chauffage, une mesure égale au mètre cube, ou, si l'on veut, d'un mètre dans les trois sens, longueur, largeur et profondeur; et cette mesure a été nommé *stère*.

— Mais si le bois a plus d'un mètre de longueur ?

— Alors les montants de la mesure sont proportionnellement abaissés de manière à présenter toujours le mètre carré.

Pour les liquides, les grains, et pour les matières sèches, on a créé une mesure dont la contenance est le cube de la dixième partie du mètre; et cette mesure s'appelle *litre*.

— Je vois bien que le mètre règle toutes les mesures; mais, quant aux poids, il me faudrait d'autres explications.

— Elles seront faciles : de la centième partie du mètre on a formé un cube; on l'a rem-

(1) 18 germinal an III.

pli d'eau pure ou distillée à la température de la glace fondante (1), et le poids de cette eau a été nommé *gramme*.

— Ainsi, de l'eau ordinaire, froide ou chaude, ne pourrait servir à reconnaître exactement le poids contenu dans un cube?

— Non, car l'eau et les liquides ont chacun des pesanteurs particulières, et qui varient suivant la température.

— Combien de précautions pour de si petites choses!

— Petites choses! n'avez-vous pas calculé, vous autres marchands, combien cent grains de plus ou de moins feraient, pendant un an, dans une mesure dont on se servirait cent fois par jour?

— Cela est vrai, et nous en savons quelque chose.

— Je le crois.

Et les marchands se mirent à rire.

— On a donc bien raison de vous surveiller

---

(1) La température de la glace est celle indiquée par l'avant-dernier alinéa de l'art. 5 de la loi du 18 germinal an IV. C'est sans doute pour la pratique que le tableau annexé à la loi du 4 juillet 1857 désigne la température de 4° centigrades.

pour votre intérêt commun, et de vérifier vos mesures pour empêcher des procès semblables à celui que vous venez de perdre tous les deux. Sachez donc que la mesure légale est, comme le droit, instituée pour l'avantage de tous.

— Oui, monsieur, chacun son droit.

— D'accord; mais sachez aussi que tout droit impose un devoir, une obligation réciproque. Poursuivons notre examen, leur dit Maître Pierre.

La mesure de longueur s'appelle *mètre*.
Celle de superficie.................. *are*.
Celle de solidité.................... *stère*.
Celle de capacité................... *litre*.
Celle des poids..................... *gramme*.
Ainsi cinq noms principaux à retenir. Pour peu que vous ayez de la mémoire, la chose vous sera d'autant plus facile que chaque espèce de mesure se distingue à l'oreille par un son, une consonnance particulière : cela n'est-il pas plus simple que cette grande diversité de dénominations anciennes, d'autant plus dangereuses, que souvent le même mot n'indique pas la même chose ?

— C'est vrai qu'il faut savoir plus de cent noms de mesures et de poids pour faire le commerce seulement dans le Finistère, la

Mayenne et le Morbihan ; mais aussi comment se mettre dans la tête vos *déca*, vos *myria*, vos *hecto* ?

— Au lieu de ces cent dénominations de mesures dont vous parlez, je n'en ai que douze dont vous savez déjà les cinq premières ; et ces douze mots diront tout.

— Quoi ? pas davantage ? C'est peu pour nous autres qui devons parler le jargon de tous nos pays.

— Pas davantage, mes amis. Allons : écrivez-les.

Déca, qui veut dire dix............ 10

Hecto, qui veut dire cent.......... 100

Kilo, qui veut dire mille.......... 1,000

Myria, qui veut dire dix mille..... 10,000

Ces quatre indications de quantités s'appellent multiples, parce qu'en les joignant soit à l'unité fondamentale qui est le *mètre*, soit aux unités secondaires qui en sont déduites, savoir : *are, stère, litre, gramme*, on présente, par un mot composé, ces différentes unités autant de fois que l'indiquent les dénominations *déca*, dix ; *hecto*, cent ; *kilo*, mille ; *myria*, dix mille.

Un petit tableau que j'ai dans ma poche, et dont je vous donnerai copie, démontrera dans son ensemble l'application du système : ce que l'on dit aux yeux par écrit, se retrouve toujours au besoin, tandis que les paroles s'envolent (1).

— Voilà qui est bien dit ; mais quels sont les trois mots qui, avec les neuf autres que nous savons déjà, doivent compléter la douzaine de mots nouveaux qui font toute votre affaire et qui nous causaient tant de peur ?

— Ces trois mots s'appellent des diminutifs.

— Qu'est-ce qu'un diminutif ?

— C'est une expression qui désigne la petitesse relative ou la moindre grandeur d'un objet : ainsi, de poule on a fait poulette ; d'agneau on a fait agnelet.

— C'est entendu.

— Les diminutifs de *déca*, dix ; de *hecto*, cent ; de *kilo*, mille, ont le grand avantage de diviser les nombres par dixièmes, centièmes et millièmes, lorsque le zéro n'a que la puissance de multiplier par dix les nombres auxquels il est joint.

— Et comment appelez-vous ces diminutifs ?

— Je les nomme *déci*, *centi*, *milli*.

---

(1) Le tableau des mesures légales se trouve à la suite de cet opuscule.

— Voilà, monsieur, qui n'est pas du tout grec, et je devine de suite que cela veut dire dixième, centième, millième.

— Très bien ; mais faites-en l'application au mètre, qui passe avant tout.

— Cela fait *déci-mètre, centi-mètre, milli-mètre*.

— Et le gramme ?

— *Déci-gramme, centi-gramme, milli-gramme*.

— A merveille, messieurs. Maintenant, concevez-vous bien l'avantage que donnent pour le calcul ces diminutifs et ces multiples qui s'appliquent à toutes les mesures pour en réduire le nombre ou l'augmenter d'un dixième, d'un centième, d'un millième ? Dans les mesures de longueur, par exemple, au lieu de toises, de pieds, de pouces, de lignes, vous n'avez plus qu'un ordre de divisions par dix, par cent, par mille, marquées exactement sur la mesure : et pour compter, quelle facilité, n'ayant plus que deux colonnes de chiffres, au lieu de trois, au lieu de quatre.

— C'est pourtant vrai. Mais comment, à notre âge, apprendre une arithmétique nouvelle ?

— Il n'y a point de nouvelle arithmétique,

parce qu'il n'y a pas de nouveaux nombres, ni de puissances nouvelles : les procédés du calcul restent les mêmes, sauf la nouvelle application qui le rend plus facile, et si simple, qu'en deux ou trois séances vous les apprendrez de votre maître d'école.

—A mon âge, prendre des leçons ! répliqua l'un des deux marchands.

— La vie est un apprentissage continuel, répondit Maître Pierre ; trop heureux encore quand nous n'avons pas à désapprendre ce qui est faux pour le remplacer par le vrai : repassons maintenant dans notre mémoire ce que nous avons expliqué.

— Nous écoutons.

— Comme il n'y a qu'une justice pour tous, et que tous sont égaux devant la justice, il y aurait désordre s'il existait un poids et un autre poids, une mesure et une autre mesure : il importe à la facilité, à la sûreté des relations commerciales, que cette uniformité s'étende même à tous les pays.

— Nous le voudrions bien, car lorsque nos marchandises sont vendues à l'étranger, ce sont des comptes à n'en plus finir.

— Je suis enchanté de votre retour à la raison, qui veut que ce qui est bon pour soi serve aux autres, afin que chacun en ait sa part.

— Voilà qui est bien entendu.

— Poursuivons, messieurs : vous savez que le mètre.....

— Est le père des poids et mesures.

— Très bien ; et, de plus, qu'il est invariable.....

— Comme la terre qu'ont mesurée les savants de Paris.

— Vous savez encore comment on en a formé des mesures, en déduisant de ses parties des cubes ou des carrés décimaux ; qu'ainsi l'*are* est cent mètres carrés ; le *stère*, un mètre cube ; que le *litre* représente la contenance du cube d'un dixième de mètre ; qu'enfin le *gramme*, toujours enfant du mètre, représente le poids d'un centimètre cube d'eau (1) ; que le *kilogramme*, ou, si vous voulez, mille grammes, représente, par le même principe, le poids de l'eau renfermée dans un décimètre cube, qui est le litre.

Ce qui parle aux yeux, se grave plus aisément dans l'esprit ; je vous fais donc cadeau

---

(1) Eau distillée à la température de la glace fondante, ou de 4° centigrades.

d'un petit cadre, où vous verrez représentés les cinq unités qui forment le système métrique (1).

— A présent que nous les voyons, rien ne pourra les faire oublier.

— Mais, vous rappelez-vous également les douze mots génériques servant à l'application du système métrique décimal ?

— Pourquoi nommiez-vous ces douze mots *génériques ?*

— Parce qu'en les réunissant, en les combinant, ils en forment d'autres.

— C'est entendu : *hecto*, cent ; *are*, cent mètres carrés ; *hectare*, cent fois cent mètres carrés ou dix mille mètres carrés.

— Très bien, mon cher ami ; je vous en fais mon compliment. Nous disions que le système se compose de douze termes, et je vous demandais si vous pouviez me les répéter dans leur ordre.

— Ce serait bien difficile ; ça s'embrouille encore dans la tête.

— Pour rendre la chose plus claire, nous diviserons ces termes en trois classes :

La première indique les cinq unités de me-

(1) La planche est à la fin du volume.

sures et de poids que vous connaissez déjà si
bien : *mètre, are, stère, litre, gramme*, pour
former les mesures de longueur, de superficie,
de solidité, de capacité et de poids.

La seconde classe de mots nouveaux indique
les quatre nombres décimaux : *déca, hecto,
kilo, myria*, pour multiplier indistinctement
les unités métriques par dix, cent, mille et dix
mille.

Enfin, la troisième classe indique les trois
nombres diviseurs ou fractionnaires décimaux
que nous avons nommés *déci, centi, milli*,
pour désigner la dixième, la centième, ou la
millième partie du mètre, de l'are, du stère, du
litre, du gramme. Tout cela n'est-il pas fort
simple? Douze mots pour représenter le nom
des mesures, de leurs multiples, de leurs fractions; douze mots répétés partout et dont la
signification est la même à Lille qu'à Mar-
seille; douze mots, que l'étranger adopte,
peuvent-ils être ignorés d'un Français?

— Nous sommes de votre avis; cela n'était
pas si difficile.

— Et comment se figurer, messieurs, que
des savants, des hommes éminents du pays,
qui savent appliquer le bon sens aux grandes
choses, eussent imaginé, quand il s'agit de

mesures et de poids, des combinaisons com-
pliquées que tout le monde ne pût comprendre ! Il n'y a rien de bon, de vrai, d'utile, que
ce qui se démontre aisément.

— Oui, quand de bonnes gens comme vous
veulent bien instruire les ignorants.

— Dites plutôt : quand on rencontre des
hommes qui veulent bien écouter les leçons
qu'on leur donne. Sans l'attention, on n'apprend rien.

— C'est ce que je dis tous les jours à mes
étourdis de garçons, qui reviennent de l'école
aussi légers de savoir que lorsqu'ils y vont.

— Vous voilà donc bien convaincus de l'u-
tilité et de la simplicité du système décimal
des poids et mesures?

— Très convaincus. Nous vous remercions
de vos bonnes explications, et nous vous prions
de nous donner le petit papier que vous nous
avez promis.

Ici, Maître Pierre leur remit le tableau des
mesures légales.

CHAPITRE III.

De l'uniformité des monnaies, et de leur concordance avec les poids et mesures.

En payant le litre de vin, l'instituteur bienveillant fit observer aux marchands qu'en vain la mesure et le poids seraient uniformes, si la monnaie ne l'était également ; car, leur dit-il, la monnaie ou les papiers qui représentent sa valeur, sont comme le contrepoids des objets que l'on vend, des travaux que l'on fait, des transports, des services, enfin de tout ce qui se fait à prix d'argent.

—Comment avons-nous pu oublier ce point essentiel ?

— Les législateurs y ont pourvu par la loi fondamentale du système : le franc est l'unité monétaire, divisée en décimes et centimes. Aussi, quelle admirable facilité pour tous les calculs !

— Il y a longtemps que nous l'éprouvons.

—Mais connaissez-vous le rapport qu'il y a entre la monnaie et le poids ?

— A quoi cela serait-il bon ?

— D'abord à reconnaître la valeur réelle de cette monnaie, dont chacun a le droit d'exiger l'appoint s'il y avait altération : ainsi, qu'on vous paie cent francs en argent, soit en pièces d'un, de deux ou de cinq francs ; attendu que la première de ces pièces doit légalement peser cinq grammes, la seconde dix, et la troisième vingt - cinq, vous devez recevoir un demi-kilogramme ou cinq cents grammes, et vous avez le droit d'exiger le nombre de grammes qui manquerait pour parfaire le poids fixé. Il en est de même des autres monnaies.

— Pourriez-vous nous donner la table des rapports des différentes espèces ayant cours en France, avec l'indication de leur poids ?

— Volontiers ; la voici (1).

— Merci ; cela peut servir à deux fins ; d'abord, pour constater le poids des sommes que l'on reçoit ; puis, quand on doute du poids du boucher, du boulanger, de l'épicier, du débitant de tabac, on peut faire une comparaison à laquelle ils ne s'attendent pas ; avec de l'ar-

(1) Cette table est à la fin de l'opuscule.

2.

gent dans sa poche, chacun peut les contrôler. C'est vraiment une belle chose que le système métrique; aussi je le ferai respecter dans la commune dont je suis maire.

Ce fut ainsi que, se rendant à l'évidence ou aux démonstrations de Maître Pierre, le plus âgé des deux marchands de grains devint subitement l'ardent propagateur d'une institution, *dont la conception honore le plus l'esprit humain*, et dont la destinée est de devenir commune à toutes les nations (1). « C'était aussi le vœu de Napoléon, *qui voulait une loi, un poids, une même monnaie* sous des coins différents (2). »

---

(1) Discours de M. le marquis de la Place à la Chambre des Pairs, du 22 mai 1838.

(2) Mémorial de Sainte-Hélène.

CHAPITRE IV.

Danger de l'usage des anciens poids et mesures.

—Enchanté du résultat qu'il venait d'obtenir
par la raison, Maître Pierre, lui serrant la main,
lui fit cette allocution :

— L'ignorant n'est qu'un paresseux qui ne
croit point, parce qu'il ne veut pas apprendre;
il méprise ce qu'il ne sait pas, et juge des
choses comme un aveugle jugerait des cou-
leurs. La véritable connaissance de ce qui est
utile assure la paix et le bonheur des hommes.
Qui pourrait compter les difficultés, les dis-
cussions qui se renouvellent en France dans
une seule année sur la fidélité du poids et de
la mesure que la loi a pour objet de garantir à
tous ! Mais, pensez-vous, monsieur le maire,
qu'il soit facile d'obtenir cette garantie sans le
secours, sans les lumières que chaque chose
exige pour être utilement pratiquée ?

— Pourriez-vous, répondit le maire, me
mettre au courant des moyens de me défendre
moi-même contre la fraude des marchands, et
d'assurer à mes concitoyens la garantie que je

désire pour moi-même ; car, avant tout, *à cha-cun le sien?*

— A chacun le sien, d'accord ; mais à charge de ne pas porter atteinte au droit d'autrui. Avant d'aller plus loin, jurez-moi d'abord de briser publiquement, en rentrant dans votre commune, vos anciennes mesures, prohibées, parce qu'elles sont fausses et contraires à l'uniformité.

— Je le jure, répondit le maire.

— Très bien ; car le meilleur sermon, l'ordonnance la plus efficace, c'est l'exemple et non la parole.

— Elles seront brisées, vous dis-je, parce que je suis marchand de grains ; et mes confrères patentés devront en faire autant dans la journée.

— Pourquoi, monsieur le maire, respecteriez-vous les mesures de ceux qui, n'étant pas patentés, vendent cependant leurs denrées? Or, toute vente étant un échange d'une chose pesée ou mesurée, est nécessairement un échange de cette même chose contre une portion de cuivre, d'argent ou d'or, garantie par l'État. Alors, pourquoi l'acheteur, payant en bon argent, n'exigerait-il pas le bon poids, la bonne mesure? L'uniformité, c'est l'égalité ;

la loi n'admet point de distinction. Lisez le
Code : quand il prononce des peines ou des
amendes, il ne dit point, telle classe de citoyens, mais *ceux* qui emploieront des poids
et mesures non conformes à la loi, ou *quicon-*
que aura trompé par usage de faux poids ou de
fausse mesure. Tenez ce principe pour certain,
que l'uniformité de la monnaie se lie étroite-
ment à celle de la mesure. Quelle confusion, si
chacun faisait son poids, son argent! le sang
ruisselerait bientôt dans chaque marché. Principe fondamental : *A la souveraineté seule le*
droit d'établir et de conserver la légalité des
monnaies et des mesures.

Le vendeur à faux poids, pourrait-on même
dire sans exagération, est un faux monnayeur
si on le paie en bon argent.

— Comment cela, monsieur ?

— Par une raison toute simple : si par la
fausse mesure on reçoit cinq pour cent de
moins d'une denrée qui vaudrait cent francs,
et si, pour le payer, on compte vingt pièces de
cinq francs, il est certain que dix-neuf de ces
pièces eussent suffi au paiement. Par l'effet de
la fraude, il en est fondu une dans la main de
l'acheteur ; et cette altération, cette diminution de la valeur, qui l'a produite ?

— Le vendeur, sans doute.

— Oui, le vendeur qui, d'une seule mesure fausse, se fait autant de bonnes pièces de monnaie. Le vendeur, en cela plus dangereux que le faux monnayeur, dont la pièce, en définitive, ne se fond que dans la main d'un seul.

Ainsi, monsieur le maire, point d'exception dans l'accomplissement d'un devoir qui fait le droit de tous, et, d'ailleurs, n'a-t-il pas été écrit : Tu n'auras pas un poids et un poids, et la balance frauduleuse n'est-elle pas en abomination devant Dieu ?

— Devant Dieu, devant Dieu ! oui ; mais les marchands ne le craignent guère.

— C'est un grand malheur ; car, sans cela, vous n'auriez rien à faire pour assurer la fidélité dans votre commune ; mais, puisqu'il en est autrement, puisque la force sociale des lois et des magistrats doit prêter à tous son appui, n'épargnez point les poursuites contre la mauvaise foi.

— Elle craint peu les amendes, et les profits en surpassent le montant.

— Alors, faites grand bruit, grand éclat ; que celui qui ne craint Dieu ni les amendes, craigne la perte de son crédit. Quand on ne peut toucher l'esprit, il faut s'en prendre à la matière.

— Mais encore faut-il que je sache comment, sans trop d'études, je puis arriver au maintien des règlements sur l'uniformité. Il vous est facile de m'éclairer sur ces détails, car il paraît que vous êtes un homme qui sait tout.

— Tout, non précisément ; mais, de tout un peu ; le gros des choses réduit au simple bon sens : j'en ai tant entendu, lorsque j'étais portier de l'Institut, que, laissant passer le menu des paroles oiseuses, qu'on pourrait comparer aux arbres touffus et qui ne portent point de fruit, j'ai retenu le plus essentiel, qu'à tout venant je débite à ma manière ; et puis, n'avais-je point un mien neveu vérificateur à Pontoise ?

— Ainsi, vous savez tout ce qui concerne les poids et mesures ?

— Oui, le plus gros.

— Et quand voulez-vous me l'expliquer ?

— Demain.

— Et où ?

— Sur la foire de Quimperlé, où je me rendrai pour affaires.

— Oui, sur le marché, dans les boutiques :

c'est sur le champ de bataille qu'on apprend la guerre; qui ne voit le monde que dans les livres, qui n'étudie point l'homme dans l'homme, pourra bien parler, bien écrire, mais n'ira pas au fond des choses; à l'œuvre, on devient artisan.

— A demain donc nos expériences.

— Oui, nos expériences; c'est la meilleure instruction.

CHAPITRE V.

De la justesse des instruments servant à peser et à mesurer.

Le lendemain Maître Pierre n'était pas levé quand son interlocuteur de la veille vint le prendre pour aller procéder, avec lui, à l'instruction expérimentale qu'on lui avait promise.

—Comment se fait-il, lui dit le maire en l'accompagnant, que vous preniez un si vif intérêt à tout ce qui se rattache aux poids et mesures ?

— C'est, lui répondit Maître Pierre, que, né pauvre, j'ai travaillé pour vivre, sans que jamais personne travaillât gratuitement pour moi. En souffrant, j'ai compris les souffrances des autres; de bonne heure j'ai su ce que valait le pain qu'on gagne à la sueur de son front, et combien il était dur de se voir enlever par la fraude une partie de son salaire. Alors je me suis bien promis d'empêcher, autant que possible, dans le cours de ma vie, et de laisser faire aux autres le mal que je craignais pour moi-même.

— Ceci me fortifie dans la volonté d'assurer

dans ma commune la fidélité du débit des denrées et des marchandises.

— Vous seriez en effet moralement responsable de tous ces petits vols honteux que vous
pourriez empêcher : la protection de l'autorité
lui rattache les citoyens ; un maire vigilant et
juste aura toujours pour lui les voix de ses
administrés.

— Par où, poursuivit le maire, allons-nous
commencer notre examen ; si nous entrions
chez l'orfèvre que voilà, pour voir comment il
pèse.

— L'argent n'est que le signe des richesses,
dont les principales sont tout ce qui est nécessaire à la vie ; les substances alimentaires
passent avant tout : c'est pour cela que je vous
propose d'entrer chez le boulanger que je vois
à sa porte.

Maître Pierre, abordant celui-ci, lui demanda deux kilogrammes de pain au prix de
la taxe.

— Voilà, lui dit le boulanger, un pain de
deux kilogrammes.

— Ce n'est pas un pain de tel poids convenu *que vous ne pouvez cuire à point*, mais
tel poids de pain, que je vous demande, en le
mettant sur la balance.

— La balance, la balance ! reprit le boulanger ; jamais je ne m'en sers.

— C'est à tort ; posez-y votre pain de deux kilogrammes.

L'opération faite, il en manquait un hectogramme, que Maître Pierre se fit donner en sus. Une pauvre mère de famille reçut le pain, avec l'appoint, qui, à lui seul, fournit le déjeuner d'un de ses enfants.

— Le misérable ! dit le maire, qui vole ainsi, chaque matin, le déjeuner de cent enfants ! La leçon est bonne, et de retour chez moi, je fais publier, à son de trompe, que c'est à tant le demi - kilogramme qu'on doit vendre le pain ; permis, d'ailleurs, aux boulangers de les faire grands ou petits, puisque cela ne garantit rien.

— Si nous entrions à l'instant chez le boucher qui étale sa viande ? lui dit Maître Pierre.

— Très volontiers.

En entrant, Maître Pierre lui demanda la monnaie d'une pièce de cinq francs qui se trouvait altérée. Après l'avoir examinée, le boucher déclara qu'il n'en donnerait que quatre francs cinquante centimes.

— Soit, lui dit Maître Pierre, il y en aura

de reste pour payer le gigot que vous allez me vendre.

Le boucher empressé jeta brusquement sa viande sur la balance.

— Doucement, doucement, monsieur; nous sommes bien d'accord sur la marchandise et le prix; mais de la même manière que vous avez examiné mon argent, je veux voir vos poids et vos balances.

— Mes poids sont bons, ma balance est exacte.

— Voyons-la d'abord, votre balance, qui devrait être suspendue de manière à ce qu'elle pût librement osciller; assurons-nous aussi de l'égalité des fléaux.

Et Maître Pierre tira de sa poche deux poids exactement semblables qu'il plaça dans les deux bassins de la balance, qui subitement s'inclina du côté de la viande; par l'addition d'un autre petit poids, la balance tomba tout à fait et ne put se relever.

Votre balance est fausse, *votre balance est folle*, et vous trompez indignement. Voyons la seconde, dit Maître Pierre.

— Celle-ci est sourde.

— Comment sourde, dit le boucher?

— Oui, sourde, puisque l'addition d'un millième (1) du poids ne la fait pas incliner du côté où je viens de le placer ; oui, bien sourde, et du côté opposé à la marchandise.

— Est-ce que tout cela vous regarde, dit le boucher en colère ; êtes-vous vérificateur ?

— Je suis plus que cela.

— Quoi donc ?

— Je suis consommateur, défendant mon argent ; non seulement vos balances sont folles, fausses et sourdes, mais encore le poids que je tiens dans ma main est déplombé, et c'est probablement pour cela que vous l'avez soustrait au poinçon. Attendez-vous à notre témoignage devant le tribunal où vous serez cité ce soir (2).

En sortant de chez ce fripon, Maître Pierre calcula que ce boucher pouvait, par an, retirer de la broche et du pot au feu de ses pratiques, au moins la valeur de plusieurs bœufs et d'un grand nombre de veaux et de moutons.

***

(1) Les instructions ministérielles sont plus rigoureuses : elles exigent que la sensibilité d'une balance se manifeste par un deux-millième de poids.

(2) A défaut de rapports, la preuve testimoniale est admise par l'article 154 du Code de procédure criminelle.

— Compte fait des produits des contribu-
tions indirectes, dit-il à son compagnon, je
soutiens que l'infidélité de la mesure et du
poids enlève au peuple une plus forte somme
d'argent !!!

— Ce ne sera plus dans ma commune, dit le
maire.

— N'avais-je pas raison de dire que la balance frauduleuse est une abomination ; que
serait-ce si c'était un débitant de poudre ou de
tabac qui s'en servît ?

— Ce ne serait donc pas la même chose ?

— Non, sans doute ; le cas est bien plus
grave : le tabac se vend à raison de quatre
francs les cinq cents grammes ; si l'inexacti-
tude de la balance et du poids du débitant ne
fournit au consommateur que 450 grammes, il
aura vendu son tabac à raison de 4 francs 40
centimes ; et qui aura profité de cette somme ?

— Ce n'est pas le trésor, mais le débitant,
répondit le maire.

— Donc, il y a concussion, perception arbitraire ; je vous recommande ces débitants.

— J'y veillerai, soyez-en sûr.

En passant au marché au grain, où l'on faisait d'ailleurs usage de la mesure légale, Maître
Pierre fit observer qu'au lieu de se servir d'une

règle pour radoire, en employait un rouleau.

— S'il est vrai, disait-il, qu'en vain le poids est juste, si la balance n'est exacte, il en est de même de la mesure, si le mode de l'employer n'est le même.

Converti à l'uniformité, le marchand de grains insista beaucoup sur ce point, et démontra ce que l'on pouvait gagner ou perdre dans les livraisons de ce genre en ne se conformant pas aux règlements.

— Le grain, demanda-t-il à Maître Pierre, ne pourrait-il se vendre en sac d'une égale contenance ?

— Qui vous la garantira, cette contenance ? l'uniformité peut-elle dépendre d'un pli ou d'un ourlet ? Il n'y a de mesures légales que celles qui, après avoir été étalonnées et vérifiées, sont revêtues des marques prescrites.

— Vous n'admettez donc pas que les futailles puissent représenter un certain nombre d'hectolitres, de litres ?

— Cela serait sans doute à désirer : mais comment garantir les altérations qui dépendent du jeu des cercles, d'un rabattage, d'accidents de toute espèce, contre lesquels l'intervention de l'autorité serait impuissante ?

— Alors on peut recourir à la jauge.

— C'est une opération sans garantie.

— Je croyais que la jauge était une mesure légale.

— Vous vous trompiez ; cet instrument, composé d'une verge divisée, ne peut servir *qu'à apprécier*, à l'aide de calculs, la contenance des tonneaux, futailles et autres récipients ; une mesure légale, au contraire, a sa garantie en elle-même : on conçoit donc que le gouvernement n'a pu admettre comme telle la jauge et les différentes méthodes dont les résultats ne sont point concordants.

— Serait-il alors défendu de se servir de la jauge ?

— Non, si les parties la prennent comme base pour évaluer les contenances ; mais s'il y a contestation, il faut, pour la vider, recourir à la seule mesure que le juge puisse reconnaître, et l'employer pour constater, par le dépotement, le contenu des futailles en *litres* : car, je vous le répète, du moment où l'on stipule à la *mesure* ou au *poids*, il n'y en a plus d'autres que ceux reconnus par la loi : sans le principe, il n'y aurait que confusion et désordre ; car, comme le disait un jour un membre de l'Académie des Sciences morales, *l'origine du droit, c'est l'avantage de tous, et*

il n'y a pas de droit qui n'impose un de-
voir (1). Or, monsieur le maire, le droit et
le devoir doivent marcher ensemble pour porter leurs fruits naturels : la paix et le bonheur
de la société.

— Il est certain que, si chacun faisait ce qu'il
doit, les huissiers et les procureurs n'useraient
guère d'encre ; mais revenons à nos affaires.
Je vois un paysan qui veut vendre une char-
retée de bois : faut-il qu'il la mesure au stère ?

— Cela dépend des conditions.

En effet, dit Maître Pierre, on peut vendre
en bloc ou à l'estime, et, alors, la vente est
parfaite sans qu'il soit nécessaire de compter,
peser ou mesurer (2); mais si l'on est convenu
du contraire, les choses vendues demeurent
aux risques du vendeur, jusqu'à ce qu'elles
aient été comptées, pesées ou mesurées (3).

— Ceci est bon pour les marchandises;
mais quand on achète un terrain, est-ce la
même règle?

— Oui, s'il ne s'agit que de délivrer la
contenance, telle qu'elle est décrite au con-

_____

(1) Massias.
(2) Code civil, art. 1586.
(3) Code civil, art. 1585.

3.

trat avec l'indication des bornes, ce que les jurisconsultes appellent *un corps certain et déclaré*; mais si la vente a été faite avec indication de la contenance *à raison de tant la mesure*, le vendeur est obligé de délivrer à l'acquéreur, s'il l'exige, la quantité indiquée au contrat ; et, si la chose ne lui est pas possible, ou si l'acquéreur ne l'exige pas, le vendeur est obligé de souffrir une diminution de prix (1).

— De la même manière, répliqua le maire, quand la vente est faite à tant la mesure, si la contenance est plus grande que celle exprimée au contrat, l'acquéreur doit avoir le choix de fournir le supplément de prix ou de se désister du contrat.

— Vous parlez comme le Code, dit Maître Pierre au maire.

— Comment, moi, j'aurais deviné la loi ?

— Oui; pour avoir une force réelle, elle doit être la raison écrite, et telle que la sent un esprit droit et juste; mais comme il faut des règles à toutes choses, et ne point faire naître des procès pour des objets trop minimes, le Code, dont le but est d'éviter les

---

(1) Code civil, art 1617.

procès, a ajouté (art. 1618) que les facultés accordées à l'acquéreur de payer l'excédant de mesures, ou de se désister, n'existerait qu'autant que l'excédant serait d'un vingtième au-dessus de la contenance déclarée. Cette sage disposition s'étend aux différentes ventes d'immeubles (art. 1619).

— Est-il vrai qu'à partir de 1840 on ne pourra plus, même entre soi ou devant notaires, indiquer l'ancienne mesure sur les contrats?

— C'est ce que porte formellement la loi nouvelle (1).

— Quel embarras! il faudra donc faire arpenter?....

— Oui, si l'on vend à la mesure.

— Mais, ne pourrait-on pas se servir de tables de comparaison?

— Il y a du danger de le faire : car, je vous le répète, la mesure originale n'existe plus; or, la mesure légale, c'est le droit, et la comparaison devient le fait différent du droit. C'est contre cette erreur que l'assemblée constituante a voulu prémunir le public (2). Vous

(1) Art. 5 de la loi du 4 juillet 1857.
(2) Préambule de la loi du 8-15 décembre 1790.

parlez d'embarras : y en aurait-il un plus grand, par exemple, que d'avoir à choisir entre plusieurs comparaisons d'une même mesure ? Laquelle peut-on juger la bonne, lorsque le titre *authentique*, c'est-à-dire la mesure vraie, n'est plus qu'un souvenir sans preuve, une histoire incertaine et, comme on dit, un à peu près.

— Alors j'achèterai en bloc ou je ferai arpenter.

— Et vous agirez sagement. Prenez garde, au surplus, de vous faire mettre à des amendes de 10 francs, en inscrivant sur vos registres des dénominations anciennes (1). Qui veut vivre en repos, doit se conformer à la loi.

— Alors les meuniers de ma commune vont avoir bien des procès, s'ils persistent à ne vouloir pas s'y conformer.

— Ont-ils au moins des poids et des balances, afin de constater les quantités de grains qu'on leur confie pour les convertir en farine ?

— Ils n'en veulent pas, ou s'ils en ont, c'est un meuble inutile.

— Et vous, maire, protecteur de tous, vous

---

(1) Loi du 4 juillet 1837, art 5, 4ᵉ alinéa.

avez toléré cet abus, lorsqu'il y a près de quatre cents ans on exigeait d'eux une semblable garantie, pour les obliger *à rendre poids pour poids* (1)?

— Je saurai bien les y obliger.

— Et vous ferez d'autant mieux, monsieur le maire, que le dépôt des grains dans une usine est d'autant plus sacré, qu'il n'est point volontaire, mais *nécessaire*, comme le dépôt des effets d'un voyageur dans une auberge (2); au surplus, comment vos meuniers font-ils payer le salaire qui leur est dû pour avoir prêté leur usine?

— La perception de leur droit de mouture se fait avec leur coupe.

— *Perception*, *droit*, *coupe*, voilà trois mots que je ne comprends pas.

— Vous êtes pourtant si savant!

— Un savant, moi! pour avoir retenu le gros des choses, pour avoir saisi et classé tout ce qui ne passait pas au travers du crible de mon intelligence, quand j'écoutais les longs discours de nos messieurs de l'Institut!

---

(1) Ordonnance de janvier 1470, citée par Monteil (Histoire des Français des divers états; t. II, p. 80 et 475, n° 86).

(2) Code civil, art. 1952.

— J'ignore ce que disent ces messieurs, mais il me semble que vous parlez bien, puis-que vos paroles m'entrent facilement dans la tête : faites-moi connaître pourquoi vous ne voulez pas concevoir ce que c'est que *perception* et *droit*, en ce qui concerne les meu-niers ?

— C'est parce qu'ils ne perçoivent pas, comme on dirait d'un receveur ; mais qu'ils se font payer le prix d'une *chose convenue* ; les meuniers n'ont pas de *droit* autre que celui de tous ceux qui font quelque chose moyen-nant paiement en denrées et en argent. Quant à la *coupe*, je ne sais ce que c'est ; si c'est une mesure, elle est fausse, elle est arbitraire ; et, quand il s'agit de mesure, de poids ou de mon-naie, c'est le souverain, c'est l'unité sociale qui règle par la loi cet objet important.

— Je conçois à présent qu'ils n'ont ni droit ni perception ; mais, quant à leur ancienne coupe, l'usage en est établi depuis des siècles.

— Et d'abord, qui vous garantit qu'elle soit la même, et qu'elle ne se soit pas agrandie dans la main des meuniers ?

— C'est bien ce que l'on croit.

— Alors il faut promptement y mettre ordre, en obligeant vos meuniers, quand ils ne de-

mandent pas en argent le prix de leur mouture, *librement débattu*, de le régler à tant
de litres par hectolitre, ou à tant de kilogrammes par cent.

— C'est une affaire entendue et qui me tour-
mentait depuis longtemps.

— Ce n'est pas tout, poursuivit Maître
Pierre, d'accepter des fonctions, si on ignore
ses devoirs et les voies à suivre pour les rem-
plir.

— Il y a tant de choses à savoir, tant de lois,
tant d'écrits qu'on nous envoie, qu'on s'y perd :
ce serait un grand avantage que d'avoir de
braves gens qui, tout en se promenant, vous
feraient mettre le doigt sur le point essentiel : je suis un campagnard ignorant ; mais je
sens la valeur des paroles simples et sincères.
En fait des poids et mesures, vous m'appren-
driez donc facilement ce que je dois faire pour
assurer l'exécution des règlements qui, d'un
bout de la France à l'autre, rendraient le commerce si facile ?

— Ce que vous devez faire serait inutile,
si, plus éclairé, le consommateur ne défen-
dait ses intérêts : la morale publique est un
excellent surveillant ; il faudrait faire en sorte
que chacun voulût posséder une bonne répu-

tation ; du reste , votre protection municipale sur la fidélité du débit des denrées et des marchandises, conformément aux lois(1), consiste en des visites faites plusieurs fois pendant l'année dans les boutiques et magasins, sur les foires publiques et les marchés, pour vous assurer de la fidélité des poids et des mesures, et pour surveiller principalement les bureaux du pesage et du mesurage de votre commune.

— Et dans ces visites que ferai-je ? car je vous confesse les avoir négligées jusqu'ici.

— En sorte, monsieur le maire, que vos pauvres ont été impunément frustrés.

— J'ai distribué des aumônes.

— Ressource mesquine et secours impuissants ? la première aumône, c'est la justice qui protège le faible contre le fort : la bienveillance n'est qu'une satisfaction personnelle, une espèce de bon plaisir ; la protection légale est la première charité ; ce que d'ailleurs vous devez faire est tracé par une ordonnance (2). Reconnaissez d'abord si les poids et mesures portent les marques qui constatent leur léga-

_____

(1) 24 août 1790 ; 22 juillet 1791 ; 1er vendémiaire an IV, et 29 prairial an IX.

(2) 18 décembre 1825, tit. 5, art. 25 et suivants.

lité, savoir : quand ils sont neufs, celle du
fabricant et le poinçon à la couronne ; et, lorsqu'ils ont été soumis à la vérification périodique, la lettre annuelle qui l'indique. Ensuite,
vous devez rechercher si, depuis cette vérification, les instruments n'ont pas souffert de
variations, soit accidentelles, soit frauduleuses,
et, surtout, vous bien assurer que les marchands font usage de ces poids et mesures, et
non d'aucun autre : vous devez aussi surveiller
votre poids public, pour que le mesureur ne
fasse pas, à son gré, de vingt hectolitres de
grains dix-neuf ou vingt et un, suivant qu'il
sera corrompu par l'acheteur ou par le vendeur.

— Ainsi, je n'ai point à m'occuper autrement de ce qui concerne les poids et les mesures?

— Non ; attendu que le gouvernement, con-
servateur de l'uniformité, a, dans les vérificateurs, des officiers spéciaux qui, sous la surveillance des préfets et des sous-préfets, sont
chargés de l'examen détaillé des instruments
de pesage et de mesurage. Si, manquant à
leur devoir principal, ils poinçonnaient, pour
vendre, un poids trop faible, et, pour acheter,
un poids trop fort, ils seraient révoqués et de
plus traduits devant les tribunaux.

— Alors, à quoi se réduisent donc mes fonctions ?

— Ces fonctions sont assez étendues pour remettre après le dîner mes dernières explications.

CHAPITRE VI.

De l'emploi des instruments de pesage et de mesurage.

———o———

Rien ne lie les hommes plus sincèrement que la pureté des intentions et le désir de faire le bien. Maître Pierre et son disciple dînèrent ensemble comme deux vieux amis : deux fois ils firent, en leur présence, mesurer le litre de vin qu'ils burent, en s'entretenant de choses utiles et agréables.

Le dîner achevé, ils retournèrent sur le marché, où Maître Pierre eut l'occasion de faire remarquer au maire plusieurs irrégularités qui portaient doublement atteinte à l'uniformité et à la fidélité.

— La fréquente vérification est justement recommandée par les ordonnances, et voyez combien cela est nécessaire, dit Maître Pierre, en montrant des balances qui avaient des apostilles mobiles, ou qui avaient des supports pour empêcher la liberté de leurs mouvements. Il lui en montrait aussi d'autres privées de leur aiguille, et ne pouvant en conséquence indiquer avec justesse leurs oscillations. La fausse balance, ajoutait-il, a été avec raison assimilée aux poids faux, et le marchand qui a des balances dont un plateau est plus lourd que l'autre, est réputé en avoir fait usage. En effet, n'en ayant pas d'autre sur son comptoir, nécessairement il a dû tromper l'acheteur.

— Et cela me paraît raisonnable, disait le maire ; le marchand doit connaître sa balance, et ne peut prétexter cause d'ignorance. Mais que pensez-vous des romaines ?

— C'est un instrument très portatif, qui, suivant la longueur de sa branche, peut servir à peser de grandes quantités de marchandises ; cependant il n'est pas, dans l'état actuel de sa fabrication, susceptible d'une grande justesse : on ne peut que le tolérer dans les opérations qui n'exigent pas une exactitude rigoureuse ; mais je ne permettrais pas, par exemple, qu'on s'en servît pour peser du beurre, du lin ou d'autres objets de ce genre : car si c'est l'acheteur qui emploie la romaine, il tire l'anneau où est attaché le poids curseur, et fait pencher la branche en trompant la vue de celui qui regarde peser. Est-ce le vendeur qui se sert de l'instrument, il use du procédé contraire au détriment de l'acheteur. La balance à bras égaux, quand elle est suspendue à une hau-

teur convenable, n'a point ces inconvénients.
Aussi les romaines, en général, ne sont-elles
que tolérées, et, s'il y a contestation, c'est
avec des balances qu'on constate le poids
légal.

Maître Pierre ne tarda pas à montrer au
maire l'application frauduleuse de ces procédés dans l'emploi de la romaine, qu'il compa-
rait à une coquette qu'en vain souvent on suit
des yeux.

En passant devant le poids public, il lui
rappela les dispositions applicables aux préposés de cet établissement, qui, s'ils emploient de
fausses mesures, sont passibles des peines
correctionnelles prononcées contre ceux qui
trompent sur la quantité de la chose vendue (1).

— Ceci me paraît juste, dit le maire ; car le
peseur public, faisant le double office de vendeur et d'acheteur, tromperait l'un ou l'autre,
si ses instruments n'étaient pas exacts, ou s'il
en abusait dans la manière de s'en servir. Ces
gens-là exigent une surveillance particulière.

— Il en est de même, poursuivit Maître

---

(1) Art. 8 de l'arrêté du directoire exécutif du
7 brumaire an IX, et art. 423 du Code pénal.

Pierre, pour ceux qui vendent des marchandises *à poids fait,* comme la chandelle, la bougie et autres objets exposés en vente comme représentant un poids déterminé. L'acheteur de bonne foi qui achète *sur l'étiquette du sac* est essentiellement trompé, s'il n'a point la précaution de faire placer la marchandise sur la balance, et c'est dans ce sens que la justice a décidé qu'il y avait vente à faux poids (1).

— Bonne justice, dit le maire. On croit le marchand, et il vous trompe ; *qu'il soit puni.* Je vous promets bien d'y veiller.

— Veillez aussi, monsieur le maire, sur le débit des boissons ; protégez avant toute chose le consommateur ou la classe la moins aisée : rappelez-vous que la contribution étant fixée sur la mesure légale, le montant du droit se confond dans le prix des liquides; en sorte que le consommateur rembourse au débitant le montant de ce droit, et que, lorsque le cabaretier, en trompant, ajoute au prix du vin une proportion de droit qui n'est pas en rapport avec la contenance de la mesure qu'il fournit, il y a surtaxe à son profit aux dépens du buveur.

---

(1) Arrêts de la Cour de Cassation du 27 germinal an IX, tit. 7, n. 159, p. 298.

Tenez donc la main à ce que les débitants de votre commune imitent l'usage sagement établi à Paris de mesurer le vin avant
de le transvaser dans la bouteille, qui n'est
pas une mesure, mais un simple vase, comme
serait une cruche, un tonnelet. Celui qui
donne une bouteille pour un litre, est un
trompeur; il contrevient à la loi, en se servant d'une mesure qu'elle ne reconnaît pas.
C'est d'ailleurs ce qu'a judicieusement décidé
la Cour de cassation à l'égard des cabaretiers
du Mans (1).

— Ceci me paraît clair en ce qui concerne
les liquides tirés au tonneau ; mais que faut-il
penser de l'exigence des employés de la régie,
qui prétendent que lorsqu'ils ont cacheté les
bouteilles, chacune d'elles doit payer comme
un litre ?

— La loi les y autorise ; mais ce n'est heureusement que pour les boissons de luxe, les
liqueurs, ou les vins venant de l'étranger ou
de crus particuliers et d'un prix supérieur (2).

— Il me semble qu'alors la vente se fait

(1) Arrêt du 13 avril 1820.
(2) Article 29 de l'ordonnance royale du 18 décembre 1825.

en bloc, à tant la pièce, telle qu'elle se comporte.

— Vous appliquez parfaitement ce que nous avons dit précédemment.

— Il me reste encore quelques questions à vous faire.

— Parlez, je suis prêt à répondre.

— Est-il, en général, indifférent de peser ou de mesurer toute espèce de marchandise ?

— Oui, fort indifférent lorsque les parties sont d'accord, pourvu toutefois que la denrée ou la marchandise ne soit pas chargée de droits perçus par le trésor, droits qui toujours sont remboursés au marchand par le consommateur ; dans ce cas, la raison veut que le remboursement des droits par le débit se fasse au poids ou à la mesure, de la même manière que les taxes auront été perçues : par exemple, le sel et le café paient des droits fixés au poids, et dès lors le paiement de ces droits par le consommateur doit suivre la même règle.

— Ceci me paraît encore évident ; mais dites-moi si cette règle est applicable à l'huile ?

— En principe, monsieur le maire, les huiles ont leur pesanteur spécifique ou différente suivant leurs espèces, et la vente au poids en est la conséquence ; aussi n'est-ce que pour faciliter le débit courant que le gouvernement avait autorisé la vente à la mesure représentative du poids, à partir seulement du demi-kilogramme (1).

Je vous ai expliqué, monsieur le maire, ce qu'il importe de savoir comme consommateur ou homme privé, et ce que vous devez connaître comme protecteur de vos concitoyens. Je n'ai plus qu'à vous entretenir des peines prononcées contre ceux qui enfreignent les lois et règlements, dont le but est le maintien de la garantie publique, par l'uniformité.

---

(1) Les mesures représentatives du poids de l'huile sont supprimées par le fait seul de leur omission aux tableaux des poids et mesures autorisées en vertu de l'ordonnance royale du 16 juin 1839.

CHAPITRE VII.

Des contraventions et des peines.

Nous avons dit, et j'aime à le répéter, que c'est un malheur que d'avoir à s'attaquer à la bourse ou à la personne, par les amendes et la prison, pour contenir et punir ceux qui ne craignent point de faire leur profit aux dépens des autres. Les peines étant impuissantes sans la moralité, nous avons fait appel à l'opinion, qui discrédite le marchand qui la trompe, et qui récompense par l'estime et par la confiance le marchand, le négociant de bonne foi. Les révolutions altèrent la morale mercantile ; il faut la rétablir par une exacte surveillance des marchands qui, par leur profession, se placent sous la dépendance du public. Je vais donc entrer dans quelques détails sur la législation pénale en matière de poids et mesures : je serai bref, « car l'office des lois est de statuer sur les cas qui arrivent le plus fréquemment ; les accidents, les cas fortuits, les cas extraordinaires, ne sont point la matière d'une loi (1). »

— Quoi que vous en disiez, monsieur, je crains bien de m'embrouiller dans la classification de ces différents cas de circonstances.

— L'ordre simplifie tout : je ne demande à votre mémoire que la classification de cinq espèces de délits et contraventions.

— Cela peut se retenir.

— Les voici :

1° Usage de faux poids et mesures pour tromper l'acheteur ;

2° Possession des mêmes instruments dans les magasins, boutiques, ateliers, maisons de commerce, halles, foires et marchés ;

3° Emploi de mesures ou de poids différents de ceux établis par les lois en vigueur ;

4° Infraction aux arrêtés des préfets, ordonnances des maires et règlements d'administration publique, pour assurer la garantie de la mesure et du poids ;

5° Fabrication et importation d'anciennes mesures.

Voilà, monsieur le maire, ce qu'il vous importe le plus de savoir.

_____

(1) Portalis.

— Et quelles sont les peines à appliquer à chacune des contraventions ?

— Leur énumération est fort simple :

1° Si l'on trompe l'acheteur : trois mois d'emprisonnement au moins ; un an au plus ; amende qui ne peut excéder le quart des restitutions et dommages-intérêts, ni être au-dessous de 50 francs : confiscation des objets du délit, et bris des faux poids et mesures (Code pénal, art. 423).

Quant à la privation d'action pour avoir fait usage de mesures et de poids différents de ceux établis par les règlements, le juge de paix de Quimperlé vous a fait l'application de l'article 424 du même Code : aide-toi, défie-toi, la loi te protégera.

2° La simple possession des mêmes instruments entraîne une amende de 11 à 15 francs (art. 479, n° 5).

3° Leur usage n'a point d'autre pénalité.

— Mais comment reconnaître les mesures et les poids différents de ceux établis par les lois en vigueur ?

— Je crois vous avoir déjà dit, monsieur le maire, que la légalité de ces instruments se constate par l'application des marques que les

vérificateurs y apposent dans les délais pres-
crits.

— Et ceux qui contreviennent aux règlements généraux et aux arrêtés, quelles peines
encourent-ils ?

— Une simple amende de 1 à 5 francs, en
vertu de l'article 471 du même Code (n° 15).

La même peine est applicable aux autres
cas ; j'en excepte la contrefaçon et l'usage des
marques ou poinçons, et l'application préjudi-
ciable du poinçon vrai : cette circonstance es
grave et heureusement rare. Les articles 142,
143, 163, 164 du Code (texte nouveau) vous
serviront de guide pour constater ce crime.

—Ceci me paraît simple et clair, mais comme
je ne peux compter sur ma mémoire, ne pourriez-vous pas mettre le tout en ordre sur un
petit bout de papier ?

Maître Pierre s'empressa de satisfaire son
interlocuteur (1), en lui faisant remarquer une
annotation d'après laquelle il devait, en sa
qualité de maire, tenir note des condamnations prononcées dans l'année ; car, ajoute-t-
il, deux condamnations prononcées dans l'an-

---

(1) Voir à la fin.

4.

née constituent la récidive, et la récidive entraîne l'emprisonnement (art. 482 du Code). Après avoir remercié Maître Pierre de ces utiles indications, le maire le pria de bien lui expliquer, pour sa gouverne, ce que l'on entendait par circonstances atténuantes (1).

— La question est délicate, et je ne pourrais y répondre si je ne l'eusse entendu débattre en pleine académie.

— Cela serait donc bien difficile à comprendre.

— Difficile sans doute ; autre chose est de reconnaître un fait matériel, de constater une mesure trop courte, trop longue, ou d'apprécier l'intention, le discernement, la volonté plus ou moins caractérisée des actions répréhensibles. C'est l'intention qui fait le crime ; le délit involontaire et commis sans intention de nuire ne peut être consciencieusement l'objet d'une punition. La droiture, le bon sens, sont les meilleurs guides à consulter dans vos poursuites : il faut savoir distinguer l'accident qui aurait faussé une balance, de l'artifice employé par un marchand pour combiner les moyens de tromper.

---

(1) Article 463 du Code pénal.

— Ces choses-là se sentent mieux qu'elles ne s'expliquent.

— La réponse est parfaite; la conscience seule est le juge de la conscience, quand l'homme reconnaît en lui les faiblesses de l'homme; mais heureusement qu'en matière de poids et mesures, il ne faut que des yeux pour voir et des mains pour toucher; du reste, monsieur le maire, ne vous mettez jamais au-dessus de la loi, qui porte que « Les crimes et » délits ne peuvent être excusés, ni la peine » mitigée, que dans les cas et circonstances » qui déclarent le fait excusable ou permettent » de lui appliquer une peine moins rigou- » reuse (1). »

Quant à la moralité des actions, c'est aux uges, aux jurés d'en décider.

— Ce que vous dites me ferait craindre qu'il n'y ait pas de justice parfaite.

— Celui-là seul qui sonde les cœurs peut récompenser et punir suivant les œuvres; lui seul peut rendre cette justice qu'un grand savant appelait une *mesure mesurée* (2).

Indulgente envers les faibles, plus rigou-

---

(1) Article 65 du Code pénal.
(2) *Mensura mesurata.* Saint Thomas d'Aquin.

reuse pour les forts, voilà, monsieur le maire,
tout ce que peut notre humaine justice, tem-
pérée par la saine raison : c'est surtout par la
vigilance que l'on prévient les fraudes et les
condamnations. Veillez-donc, je le répète,
pour que, dans votre commune, il n'y ait pas
un poids et un poids; veillez pour protéger
contre sa propre faiblesse le malheureux qui
n'ose se défendre ; qu'une bienveillante ri-
gueur assure dans votre commune la fidélité
du débit des denrées et des marchandises; ne
vous laissez point vaincre par la cupidité des
marchands, car la cupidité est la racine de
tous les maux qui divisent les hommes; soyez
plus fort que le mal, que votre fermeté saura
changer en bien.

CHAPITRE VIII.

Des mesures usuelles et des mesures décimales.

Le maire parut touché par cette allocution de Maître Pierre, et lui dit familièrement :

— Brave homme ! par quel secret avez-vous pu réveiller au fond de mon âme un sentiment qui, je l'espère, ne s'éteindra plus ; votre parole est comme un gouvernail qui dirige mon cœur ; mais quelles difficultés m'attendent, lorsqu'en 1840, il sera défendu d'employer d'autres mesures, d'autres poids que ceux établis par la loi constitutive du système métrique décimal (1). Alors plus de toise, plus de pied, plus d'aune, plus de boisseau, plus de livre, ni d'once, plus de division par trois ; comment les femmes de ménage et le public pourront-ils s'y reconnaître ? Sera-t-il au moins permis d'établir des comparaisons entre les anciennes mesures qu'on appelait usuelles, et les mesures décimales ?

(1) Article 5 de la loi du 4 juillet 1837.

—Oui, sans doute ; ces comparaisons seront permises.

— Et cependant vous m'aviez affirmé que les comparaisons étaient fausses et illusoires.

— Distinguons, monsieur le maire, distinguons : toute comparaison véritable veut un objet réel et vrai ; or, les anciennes mesures ne présentant, comme je l'ai prouvé, ni vérité, ni réalité matérielle, ne sont point susceptibles de comparaison avec les mesures du système métrique, déduit de la grandeur inaltérable de la terre.

Il n'en est pas ainsi des mesures usuelles que la loi du 4 juillet 1837 supprime : ces mesures sont les enfants du mètre et peuvent en toute sûreté se comparer avec les mesures décimales : il n'y a qu'à placer les unes devant les autres, comme je vais l'expliquer.

— J'écoute.

— Le double mètre est égal à la toise, il n'y aura donc rien de changé que dans les divisions en décimètres, centimètres et millimètres, au lieu de pieds, de pouces et de lignes.

— On dit que les tailleurs des grandes villes se servent de rubans divisés en centimètres.

—.Ils ont raison : les couturières les imiteront, puis les charpentiers, puis les ouvriers, qui ne feront plus tant de bévues; ainsi donc le mètre et son double se prêtent à tous les mesurages de lignes, de montagnes, et des plus petits objets.

Passe donc pour le mètre qui remplace la toise, mais quant à l'aune?

— Point de difficulté; un mètre vingt centimètres égalent l'aune usuelle; à chacun permis de demander cette mesure comprise dans la mesure légale; avec des dixièmes, des centièmes, des millièmes, on pourvoit à toutes les exigences possibles.

Quant au *stère* ou mètre cube pour le mesurage du bois, rien n'est changé; ainsi n'en parlons pas. Il en est de même de l'*are, unité* des mesures de superficie.

— Mais le boisseau, le boisseau que l'on connaît partout : voilà bien un autre embarras quand il sera défendu...

— Quoi! lorsqu'on possède le litre, le décalitre, son double, l'hectolitre et sa moitié pour former des nombres ronds, on regretterait une mesure de douze litres et demi, avec des divisions par quart, huitièmes, seizièmes et trente-deuxièmes? quelle confusion! et pouvait-on imaginer un plus mauvais compte ? Combien de fois a-t-on donné le demi-déca-litre pour le demi-boisseau, et ainsi de suite ! Ainsi plus de mélange, le litre est populaire en France ; multiplié par dix, multiplié par cent, chacun reconnaît aisément son décalitre, son hectolitre. Remercions les législateurs qui ont débarrassé la France de ce boisseau bâ-tard, cause de tant de fraudes.

— Passe encore pour le litre, le décalitre et l'hectolitre dans le mesurage des grains : mais pour les boissons il n'y aurait donc plus de quart de litre ?

— Non certainement ; avec un demi-litre, un double décilitre, on satisfait aisément tout le monde : avec un décalitre, un litre, on peut transvaser des tonneaux, contrôler les mar-chands et même les contrôleurs de l'impôt in-direct.

— Allons, vive le litre !

— Vive le litre, oui, quand on en use so-brement : l'intempérance attaque la raison.

— Un marin de Brest m'a dit qu'en Améri-que on donne des curateurs aux ivrognes.

— Et Charlemagne, avant les Américains, ne les admettait en justice, ni comme témoins, ni comme parties : c'est un grand vice que l'intempérance ; on ne voit mourir personne de faim ou de soif, mais il en meurt des milliers pour trop manger ou boire.

— Et sans sortir de ma commune, je peux ajouter que les pauvres sont moins souvent malades faute de nourriture, que les riches ne le deviennent pour en prendre trop.

— Ces réflexions sont d'un homme de bien ; continuons notre examen : il nous reste à parler du kilogramme et de ses fractions décimales pour remplacer la livre usuelle.

— Voilà ce qui me trouble, et je vous demande, monsieur, ce que feraient dans leurs ménages vos savants académiciens s'ils n'avaient que des kilogrammes, des hectogrammes, des décagrammes, des décigrammes, dans leurs cuisines ; leurs femmes y perdraient la tête. Les cuisinières qui auront trop salé, trop poivré, s'en prendront à la loi, les maîtres se fâcheront, les acheteurs crieront, les marchands riront sous cape : quelle confusion ! j'en tremble d'avance.

— Ne dirait-on pas que nous allons recommencer notre grande révolution, qui changea bien d'autres usages : au fait, dites-moi si les dames, si les cuisinières du Finistère ne changent jamais de modes ?

38.

5

— En changent-elles ? hélas !

— Et elles en retiennent aisément les noms, les espèces, les prix ?

— Il ne faut pas le leur dire deux fois. C'est par les modes que les Bretonnes de la campagne apprennent le français.

— La mode alors aurait cet avantage ; et ne pourrait-on pas en tirer un autre en faisant connaître aux femmes les nouveaux poids et mesures ?

— La mesure de leurs robes, oui ; mais pour vos kilogrammes, je ne sais quand ce nom sera prononcé dans leurs cuisines.

— S'y servent-elles au moins de poids et de balances ?

— C'est ce qu'on voit rarement.

— Alors comment pèsent-elles?

— Elles pèsent à l'œil.

— Et qui les empêchera de continuer ?

— En cela point d'inconvénients ; mais comment les choses se passeront-elles chez les marchands avec les fractions décimales ?

— Ici, monsieur le maire, abordons la difficulté ; voyons-la de près. Vous serez vous-même étonné de vous être fait un obstacle d'une chose fort simple. Vous savez qu'un

demi-kilogramme ou cinq cents grammes cor-
respondent à la livre usuelle.

Je le sais.

— Que par conséquent deux cent cinquante
grammes forment la demi-livre, et cent vingt-
cinq grammes le quart ?

— C'est tout simple.

— Comme il est également simple, pour le
marchand, de fournir ces quantités avec son
double hectogramme, son demi-hectogramme,
son décagramme et son demi-décagramme,
pour représenter l'ancienne demi-livre et le
quart.

— Je vous attends au demi-quart...

— Il est de soixante-deux grammes ; l'once,
de trente et un ; la demi-once, de quinze, plus
une fraction ; le quart d'once, de sept ; le gros,
de trois grammes.

— Mettez-moi ça sur le papier pour qu'on
y voie plus clair.

Maître Pierre s'empressa de satisfaire le
maire, qui lut attentivement la petite nomenclature qui suit :

Le kilogramme ou 1000 gr. équiv. à 2 liv. usuelles.
Le demi-kilogramme 500 — à la livre.
Le quart de kilogr. 250 — à la demi-livre.
Le 8e — 125 — au quart *idem.*
Le 16e — 62,5 — au demi-quart.
Le 32e — 31,3 — à l'once.
Le 64e — 15,6 — à la demi-once.
Le 128e — 7,8 — au quart *idem.*
Enfin, le 256e — 3,9 — au gros

Après avoir lu cette nomenclature, le maire fit observer de nouveau que, depuis le demi-quart, il y avait des fractions dont ne manqueraient pas de profiter les marchands.

— Alors, répliqua Maître Pierre, double raison pour se faire servir en nombre rond de grammes ; mais, attendu que le public n'en connaît pas encore bien la valeur, je crois que nous ferions bien de publier *en nombre rond.*

500 grammes valent une livre.
250 — — une demie.
125 — — un quart.
62 — — un demi.
31 — — une once.
15 — — une demie.
8 — — un quart *idem.*
4 — — un gros ou 8e d'once.

Quant aux petites fractions du gramme, on peut les négliger *provisoirement* sans changer les prix relatifs des marchandises débitées à la livre. Ainsi, point de perturbation dans cette application première du système décimal dans les usages journaliers du peuple et des femmes de ménage.

Plus tard, et probablement bientôt, on voudra, dans le détail, des dixièmes, des centièmes, des *hecto*, des *déca*. En prenant pour base le mètre, le litre, le kilo, combien alors il deviendra facile de régler les comptes, et de calculer sans plume ni crayon ; chacun appréciera comme un bienfait l'uniformité de la mesure et du poids, vainement désirée depuis des centaines d'années.

— La force de l'habitude ne se ploie pas aussi facilement que vous le pensez, monsieur, répliqua le maire.

Maître Pierre lui répondit :

— De la même manière que se changent les usages, les modes ; de la même manière que le vieux breton s'oublie et fait place au français, il s'opère sans secousses des innovations plus grandes et plus promptes. Et croyez-vous, ajouta-t-il, que ce soit la première fois qu'un peuple ait changé de mesures et de poids, de lois plus importantes que celles dont l'exécution ne peut être éludée sans prolonger le désordre qui règne depuis trop longtemps ? Après cinquante années d'efforts, il faut réaliser ce système admirable que les peuples de l'Europe adopteront un jour; et, dussent les femmes se mettre quelque temps en colère, les cuisinières rendre le kilogramme responsable de leurs bévues, il est temps d'en finir, et de se mettre à l'œuvre.

— Vous avez, ma foi, réponse à tout, et j'adopte franchement cette uniformité que j'ai la ferme intention de propager et de maintenir. Nos explications m'ont convaincu; il ne me reste plus qu'une seule demande à vous faire. Comment empêcher les abus et les plaintes que font naître les combinaisons de l'ancien poids avec le nouveau?

CHAPITRE IX.

Conclusion.

Ce dangereux subterfuge, monsieur le maire, est une violation de l'uniformité ; il y a plus, il est souvent une cause de fraude, d'autant plus dangereuse qu'elle ne laisse point de traces. Ces sortes de combinaisons sont d'ailleurs matériellement fausses ; le poids ancien n'existe plus, son rapport avec le nouveau ne peut avoir rien de certain. L'acheteur qui se prête à ces combinaisons, renonce à la protection de la loi ; et s'il est trompé, il est privé de tout recours. De plus, si les combinaisons admises sont erronées, le résultat est nécessairement faux. Répétez souvent, affichez ces vérités, pour prémunir les consommateurs et les habitants des campagnes qui vendent leurs produits des fraudes auxquelles ils s'exposent ; rappelez-vous les prohibitions des règlements, et faites-en l'application par des exemples d'une juste sévérité (1) : ordonnez que dans

_____

(1) Voir l'arrêté ministériel du 28 mars 1812.

chaque boutique soit affichée une petite table
de rapport des poids et mesures usuels avec
les nouveaux ; que le marchand qui trompe
soit signalé ; qu'il craigne le discrédit, et qu'il
sache qu'à la longue l'honnêteté va plus sûrement et plus loin que la fraude, et je vous promets que votre commune jouira de la paix
qui naît de la bonne foi.

— Maintenant que je sais, je ferai.

— Je vous y engage au nom de l'humanité,
de la concorde, de tout ce qui maintient
l'harmonie sociale. Quand nos résolutions sont
éclairées, elles doublent la force de notre volonté. Persévérez, monsieur le maire, la fermeté de l'homme de bien est invincible ; son-
gez que de l'uniformité dépend la garantie des
intérêts matériels, d'une valeur effrayante, si
l'on calcule ce que cinq centimes par jour et
par individu, arrachés à la mauvaise foi, ren-
dent en une année à la société. Battez le fer
pendant qu'il est chaud ; la loi de 1837 est
formelle, et le Gouvernement ne reculera pas.
Saisissez le moment : *quand on veut changer, innover, c'est moins les choses que le*

où sont relatés les articles 424, 474, 480 et 481
du Code pénal.

temps que l'on considère (1). Surveillez votre école primaire, pour que la génération qui s'élève ne connaisse d'autre mesure et d'autre poids que ceux déduits du mètre. Notifiez à votre maître d'école l'arrêté du ministre (2) qui lui ordonne, sous peine de révocation, de n'enseigner que le système métrique. Rappelez-vous que de l'uniformité de notre système français naîtront avec les autres peuples des relations plus faciles, des rapports plus intimes; enfin, monsieur le maire, figurez-vous souvent que l'emblême de la justice est une balance dans le plus parfait équilibre, et que l'égalité de la justice est pour tous le gage de l'ordre et de la paix parmi les hommes.

Maître Pierre s'était tu que le maire semblait encore l'écouter, et lui tendant la main il lui dit : — Mon brave homme, si tous les savants étaient bons comme vous, nous les écouterions plus volontiers, et nous deviendrions meilleurs. Venez me voir, venez passer quelque temps dans ma famille, vos leçons nous seront utiles; nous parcourrons les cam-

---

(1) La Bruyère.
(2) Arrêté du 14 juillet 1838.

5.

pagnes, vous y dissiperez les erreurs qui font notre malheur à tous.

— Si je le peux, je reviendrai vers vous avec empressement, répondit Maître Pierre ; nos entretiens ne seront point oiseux ; ils auront pour objet tout ce qui tend à conserver, à perfectionner notre humanité, à combattre le mal qui tend à la détruire, à la détériorer en la divisant : nous apprendrons ensemble que l'art d'être heureux est d'aimer ses semblables ; nous démontrerons que les devoirs s'étendent plus loin que les lois, et que c'est plus encore par ce qui est honnête que par ce qui est légal qu'il faut juger les actions dans leurs rapports avec la société. En cheminant, nous instruirons, nous compatirons aux faiblesses qui naissent de l'ignorance : une pensée, une comparaison qui se rattache à nos explications sera toujours présente à notre esprit.

— Et cette pensée dit que....

— La raison est comme une balance : elle ne doit s'incliner que sous le poids de la vérité.

— Oui, la raison, c'est le bon poids en toutes choses ; ni le trop, ni le trop peu.

— Et l'égoïsme, la cupidité n'en veulent pas, de ce bon poids ; et voilà pourquoi, monsieur le maire, vous aurez à combattre pour établir, dans votre commune, l'uniformité de la mesure et du poids.

— Il est certain qu'on ne veut pas comprendre ce qui contrarie.

— Alors usez de la force que la loi remet dans vos mains pour l'utilité générale, contraignez les récalcitrants; car sans l'obéissance à la loi, il n'y aurait ni contrats respectés ni sécurité parmi les hommes.

— Je le ferai, répondit le maire.

— Et la justice fera régner la paix dans votre commune, répliqua Maître Pierre, qui fit en même temps ses adieux à son interlocuteur.

Et le maire, serrant la main de Maître Pierre, prononça ces paroles naïves dont sa voix attestait la sincérité :

« Au regret de vous quitter, au plaisir de vous revoir; venez, ma maison sera la vôtre, mes amis seront vos amis. »

Cela dit, Maître Pierre et le maire s'embrassèrent avec émotion; tant il est vrai que rien ne consolide autant les relations sociales que la pureté des intentions et la communauté des bonnes œuvres.

— Promettez-moi de m'envoyer les nouveaux règlements qui doivent paraître pour l'exécution de la loi du 4 juillet 1837.

— Je le promets, et Maître Pierre est homme de parole (1).

---

(1) C'est pour l'accomplir qu'on a placé à la suite de cette loi un extrait sommaire de l'ordonnance royale du 17 avril, et le texte intégral de celle du 16 juin 1839. Voir l'Appendice.

APPENDICE.

Loi relative aux poids et mesures.

Au palais des Tuileries, le 4 juillet 1837.

(Promulguée le 8 juillet.)

LOUIS-PHILIPPE, Roi des Français, à tous présents et à venir, salut.

Nous avons proposé, les chambres ont adopté, NOUS AVONS ORDONNÉ et ORDONNONS ce qui suit :

ARTICLE 1er.

Le décret du 12 février 1812, concernant les poids et mesures, est et demeure abrogé.

ARTICLE 2.

Néanmoins, l'usage des instruments de pesage et de mesurage confectionnés en exécution des articles 2 et 3 du décret précité, sera permis jusqu'au 1er janvier 1840.

ARTICLE 3.

A partir du 1er janvier 1840, tous les poids et mesures autres que les poids et mesures établis par les lois des 18 germinal an III et 19 frimaire an VIII, constitutives du système métrique décimal, seront interdits sous les peines portées par l'article 479 du Code pénal.

ARTICLE 4.

Ceux qui auront des poids et mesures autres que les poids et mesures ci-dessus reconnus, dans leurs magasins, boutiques, ateliers ou maisons de commerce, ou dans les halles, foires ou marchés, seront punis comme ceux qui les emploieront, conformément à l'art. 479 du Code pénal.

ARTICLE 5.

A compter de la même époque, toutes dénominations de poids et mesures autres que celles portées dans le tableau annexé à la présente loi et établies par la loi du 18 germinal an III, sont interdites dans les actes publics, ainsi que dans les affiches et les annonces.

Elles sont également interdites dans les actes sous seing-privé, les registres de commerce et autres écritures privées produits en justice.

Les officiers publics contrevenants seront passibles d'une amende de vingt francs, qui sera recouvrée sur contrainte, comme en matière d'enregistrement.

L'amende sera de dix francs pour les autres contrevenants : elle sera perçue pour chaque acte ou écriture sous signature privée ; quant aux registres de commerce, ils ne donneront lieu qu'à une seule amende pour chaque contestation dans laquelle ils seront produits.

ARTICLE 6.

Il est défendu aux juges et arbitres de rendre aucun jugement ou décision en faveur des particuliers sur des actes, registres ou écrits dans lesquels des dénominations interdites par l'article précédent auraient été insérées, avant que les amendes encourues, aux termes dudit article, aient été payées.

ARTICLE 7.

Les vérificateurs des poids et mesures constateront les contraventions prévues par les lois et règlements concernant le système métrique des poids et mesures.

Ils pourront procéder à la saisie des instruments de pesage et de mesurage, dont l'usage est interdit par lesdits lois et règlements.

Leurs procès-verbaux feront foi en justice jusqu'à preuve contraire.

Les vérificateurs prêteront serment devant le tribunal d'arrondissement.

ARTICLE 8.

Une ordonnance royale réglera la manière dont s'effectuera la vérification des poids et mesures.

La présente loi, discutée, délibérée et adoptée par la chambre des pairs et par celle des députés, et sanctionnée par nous cejourd'hui, sera exécutée comme loi d'État.

DONNONS EN MANDEMENT à nos cours et tribunaux, préfets, corps administratifs, et tous autres,
que les présentes ils gardent et maintiennent,
fassent garder, observer et maintenir, et, pour les
rendre plus notoires à tous, ils les fassent publier
et enregistrer partout où besoin sera ; et, afin que
ce soit chose ferme et stable à toujours, nous y
avons fait mettre notre sceau.

Fait au palais des Tuileries, le 4ᵉ jour du mois
de juillet l'an 1837.

Signé LOUIS-PHILIPPE.

Par le roi :

*Le ministre secrétaire d'état au département
des travaux publics, de l'agriculture et
du commerce,*

Signé N. MARTIN (du Nord).

Vu et scellé du grand sceau :

*Le garde des sceaux de France, ministre
secrétaire d'état au département de la
justice et des cultes,*

Signé BARTHE.

Tableau des Mesures légales.

(Loi du 18 germinal an III.)

NOMS SYSTÉMATIQUES.	VALEUR.
Mesures de longueur.	
Myriamètre...........	Dix mille mètres.
Kilomètre............	Mille mètres.
Hectomètre..........	Cent mètres.
Décamètre..........	Dix mètres.
MÈTRE.............	*Unité fondamentale des poids et mesures* (1) (dix millionième partie du quart du méridien terrestre).
Décimètre..........	Dixième du mètre.
Centimètre	Centième du mètre.
Millimètre	Millième du mètre.
Mesures agraires.	
Hectare.	Cent ares ou dix mille mètres carrés.
ARE...............	Cent mètres carrés, carré de dix mètres de côté.
Centiare..........	Centième de l'are, ou mètre carré.
Mesures de capacité pour les liquides et les matières sèches.	
Kilolitre	Mille litres.
Hectolitre..........	Cent litres.
Décalitre	Dix litres.
LITRE	Décimètre cube.
Décilitre...........	Dixième du litre.

(1) L'étalon prototype en platine, déposé aux archives le 4 messidor an VII, donne la longueur légale du mètre quand il est à la température zéro.

NOMS SYSTÉMATIQUES.	VALEUR.
Mesures de solidité.	
Décastère................	Dix stères.
STÈRE...................	Mètre cube.
Décistère	Dixième de stère.
Poids.	
....	Mille kilogrammes, poids du mètre cube d'eau et du tonneau de mer.
....	Cent kilogrammes, quintal métrique.
KILOGRAMME............	Mille grammes, poids dans le vide d'un décimètre cube d'eau distillée à la température de quatre degrés centigrades (1).
Hectogramme............	Cent grammes.
Décagramme............	Dix grammes.
GRAMME.................	Poids d'un centimètre cube d'eau à quatre degrés centigrades.
Décigramme.............	Dixième du gramme.
Centigramme...........	Centième du gramme.
Milligramme............	Millième du gramme.
Monnaie.	
FRANC..................	Cinq grammes d'argent au titre de neuf dixièmes de fin.
Décime................	Dixième du franc.
Centime...............	Centième du franc.

Conformément à la disposition de la loi du 18 germinal an III, concernant les poids et les mesures de capacité, chacune des mesures décimales de ces deux genres a son double et sa moitié.

(1) L'étalon prototype en platine, déposé aux archives le 4 messidor an VII, donne, dans le vide, le poids légal du kilogramme.

Tableau comparatif de la valeur et du poids
des Monnaies..

(Loi du 17 germinal an II.)

Or.

La pièce de 20 francs doit peser.... 6 gr. 45 c.
Celle de..... 40 — 12 90
La pièce de 20 francs est à la taille de 155 pièces
pour un kilogramme.

Argent.

Le quart de franc doit peser....... 1 gr. 25 c.
Le demi-franc — 2 50
Les trois quarts — 3 75
Le franc — .... 5 »
Les deux francs — .... 10 »
Cinq francs — .... 25 »

N. B. Le titre de l'or et de l'argent est fixé à
9/10es de fin et un d'alliage.

Cuivre.

Les 2 centièmes de franc doivent peser 4 grammes.
Les 5 centièmes — 6
Les 5 centièmes — 10

La tolérance du poids du cuivre est d'un 50e en
dehors.

Nomenclature des délits et contraventions en matière de Poids et Mesures.

I. Usage de faux poids et mesures.

Les anciennes mesures sont réputées fausses et illégales ; les balances sont assimilées aux poids, qui seraient vainement exacts, si elles étaient fausses.

Les peines applicables à cette infraction, sont les articles 423 et 424 du Code pénal.

II. Possession des mêmes instruments dans les magasins, boutiques, ateliers, maisons de commerce, halles, foires et marchés.

D'après la jurisprudence de la Cour de Cassation, les poids et mesures réputés faux doivent être confisqués, quand même ils ne seraient pas trouvés dans une boutique ou magasin : les articles 479, n° 5, 480, n° 3, 481, 482 et 483, du Code pénal, sont applicables à cette infraction.

III. Emploi de mesures ou de poids différents de ceux établis par les lois en vigueur.

Les instruments non revêtus des marques de leur légalité sont de ce nombre, et sans acception de personnes ou de lieux ; l'article 5 de l'ordonnance royale du 21 décembre 1822 n'admet point d'exception. L'article 479 du Code pénal est applicable à cette contravention.

IV. Infractions aux règlements de l'autorité administrative sur la matière.

Les infractions qui ne sont pas nommément prévues par le Code, ou par des lois spéciales et décrets ayant force de loi, telles que les dispositions générales et locales pour assurer la fidélité du débit des denrées et des marchandises, sont punissables en vertu de l'article 471, n° 15, du Code pénal.

Extrait sommaire de l'ordonnance royale du 17 avril 1859.

ART. 10. Les poids et mesures nouvellement fabriqués ou ajustés seront présentés au bureau, vérifiés et poinçonnés, avant d'être livrés au commerce.

ART. 11. Aucun poids ou aucune mesure ne peut être soumis à la vérification, ou employé dans le commerce, s'il ne porte d'une manière distincte et lisible le nom qui lui est affecté par le système métrique.

ART. 12. La forme des poids et mesures servant à peser ou à mesurer les matières du commerce sera déterminée par des règlements d'administration publique, ainsi que les matières avec lesquelles les poids et mesures seront fabriqués. (*Voir* à la suite l'extrait de l'ordonnance du 17 juin 1859, en exécution de cet article.)

ART. 13. Indépendamment de la vérification primitive dont il est question en l'art. 11, les poids et mesures dont les commerçants compris dans l'art. 15 font usage, *ou qu'ils ont en leur possession*, sont soumis à une vérification périodique pour reconnaître si la conformité avec les étalons n'a pas été altérée.

Chacune de ces vérifications est constatée par l'application d'un poinçon nouveau.

ART. 15. Les préfets dressent, pour chaque département, le tableau des professions qui doivent être assujettis à la vérification.

Ce tableau indique l'assortiment des poids et mesures dont chaque profession est tenue de se pourvoir.

ART. 16. L'assujetti qui se livre à plusieurs genres de commerce doit être pourvu de l'assortiment de poids et mesures fixé pour chacun d'eux, à moins que l'assortiment exigé pour l'une des branches de son commerce ne se trouve déjà comprise dans l'une des autres branches de l'industrie qu'il exerce.

ART. 17. L'assujetti qui, dans une même ville, ouvre au public plusieurs magasins, boutiques ou ateliers distincts et non contigus, doit pourvoir chacun de ces magasins, boutiques et ateliers, de l'assortiment exigé pour la profession qu'il exerce.

ART. 18. La vérification se fait tous les ans dans les chefs-lieux d'arrondissement et dans les communes désignées par le préfet, et tous les deux ans dans les autres lieux : toutefois, en 1840, elle aura lieu dans toutes les communes indistinctement.

ART. 19 et 20. Obligent le vérificateur à accomplir les visites au domicile ou aux sièges des mairies, dans les localités où, conformément aux usages du commerce et sur la proposition des préfets, le ministre de l'agriculture et du commerce jugerait cette opération d'une plus facile exécution, sans toutefois que cette mesure puisse être obligatoire pour les assujettis et sauf le droit d'exercice à domicile.

Les vérificateurs peuvent toujours faire, soit d'office, soit sur la réquisition des maires et du procureur du roi, soit sur l'ordre du préfet ou du sous-préfet, des visites extraordinaires et inopinées chez tous les assujettis.

ART. 21. Les marchands ambulants qui font usage de poids et mesures, dans les trois premiers mois de chaque année ou de l'exercice de leur profession, à l'un des bureaux de vérification dans le ressort desquels ils colportent leurs marchandises.

ART. 22. Les balances, romaines et autres instruments de pesage, sont soumis à la vérification et poinçonnés avant d'être exposés en vente ou livrés au public.

Ils sont en outre inspectés dans leur usage et soumis sur place à la vérification périodique.

ART. 23. Les membrures du stère et du double stère, pour le mesurage du bois de chauffage, sont, avant qu'il en soit fait usage, vérifiées et poinçonnées dans les chantiers où elles doivent être employées.

Elles y sont également soumises à la vérification périodique.

ART. 24. Les poids et mesures des bureaux

d'octroi, bureaux de poids publics, ponts à bascule, hospices et hôpitaux, prisons et établissements publics, sont soumis à la vérification périodique.

ART. 25. Les poids employés dans les halles, foires et marchés, les étalages mobiles par les marchands forains et ambulants, sont soumis à l'exercice des vérificateurs.

ART. 26. Les visites et exercices que les vérificateurs sont autorisés à faire chez les assujettis ne peuvent avoir lieu que pendant le jour.

Néanmoins elles peuvent avoir lieu chez les marchands et débitants pendant tout le temps que les lieux de vente sont ouverts au public.

ART. 27. Les préfets fixent par des arrêtés pour chaque commune l'époque où la vérification de l'année commence, et celle où elle doit être terminée.

A l'expiration du dernier délai ci-dessus et après que la vérification aura eu lieu dans la commune, il est interdit aux commerçants, entrepreneurs et industriels d'employer et de garder en leur possession des poids et mesures et instruments de pesage qui n'auraient pas été soumis à la vérification périodique et au poinçon de l'année.

ART. 28, 29, 30 et 31. La surveillance sur le débit des denrées et des marchandises qui se vendent au poids et à la mesure, est confiée à la vigilance et à l'autorité des préfets et des sous-préfets.

Les maires, adjoints, commissaires et inspecteurs

de police, doivent fréquemment renouveler leurs visites pour s'assurer de l'exactitude des poids et mesures, et reconnaître sur ces instruments les marques de vérification et si depuis ces instruments n'ont pas été altérés : ces fonctionnaires doivent aussi vérifier fréquemment les romaines et les balances, et tous les autres instruments de pesage, pour s'assurer de leur justesse et de la liberté de leurs mouvements.

Art. 32. Les maires et officiers de police veilleront à la fidélité du débit des denrées et des marchandises qui, étant fabriquées au moule et à la forme, se vendent à la pièce ou au paquet, comme correspondant à un poids déterminé.

Art. 33. Les vases et futailles servant de récipient aux boissons, liquides ou autres matières, ne seront pas réputés mesures de capacité ou de pesanteur.

Il sera pourvu à ce que, dans le débit en détail, les boissons ne soient pas vendues à raison d'une certaine mesure présumée, sans avoir été mesurées effectivement.

Le titre IV de l'ordonnance a pour objet les infractions et le mode de les constater. Il porte en substance (art. 34, 35, 37, 58, 39 et 45) :

1° « Que les vérificateurs des poids et mesures « constatent les contraventions ; qu'ils sont tenus « de justifier de leur commission aux assujettis « qui le requièrent ; »

6

2° Ils saisissent les instruments de pesage et de mesurage différents de ceux établis par la loi du 4 juillet 1837, ou s'ils sont altérés, défectueux, ou non revêtus des marques légales de la vérification;

3° Ils donnent avis aux maires de l'usage des mesures qui, par leur oxidation, pourraient nuire à la santé des citoyens;

4° Les assujettis sont tenus de se prêter aux exercices des vérificateurs dans les cas prévus par les art. 19 et 20; mais ces visites ne peuvent avoir lieu avant le lever et le coucher du soleil, quand, aux termes de l'art. 28, les boutiquiers, les marchands et débitants ne tiennent pas leurs établissements ouverts pendant la nuit;

5° En cas de refus d'exercice, et lorsque les vérificateurs y procèdent avant le lever et après le coucher du soleil, ils doivent être accompagnés soit du juge de paix ou de son suppléant, soit du maire, de l'adjoint ou du commissaire de police.

ART. 44. Les maires et adjoints signent l'affirmation des procès-verbaux des vérificateurs.

ART. 45. Si des affiches ou annonces contiennent des dénominations de poids et mesures autres que celles portées dans le tableau annexé à la loi du 4 juillet 1837 (*), les maires et adjoints et les commissaires de police sont tenus de constater

---

(*) Cette loi et le tableau sont insérés dans ce recueil.

cette contravention, et d'envoyer immédiatement leurs procès-verbaux aux receveurs de l'enregistrement.

Les vérificateurs et tous autres agents de l'autorité publique sont tenus également de signaler au même fonctionnaire toutes les contraventions de ce genre.

ART. 46, 48, 49 et 53 :

1° La vérification première des instruments neufs ou rajustés est gratuite ;

2° La vérification périodique est également gratuite pour les poids et mesures des établissements publics dénommés à l'art. 24 de l'ordonnance ;

3° Les individus non assujettis ont aussi le droit de faire vérifier gratuitement les poids et mesures qu'ils présenteraient volontairement ;

4° Le montant des rôles des poids et mesures est exigible dans la quinzaine de leur publication.

ART. 55. Les contraventions aux arrêtés des préfets, à ceux des maires et à la présente ordonnance, seront poursuivies conformément aux lois.

Ordonnance du 16 juin 1859, insérée au Moniteur le 19 du même mois.

ART. 1er. A dater du 1er janvier 1840, les poids et instruments de pesage et de mesurage ne seront reçus à la vérification première, qu'autant qu'ils réuniront les conditions d'admission indiquées dans les tableaux annexés à la présente ordonnance.

ART. 2. Les poids et mesures et instruments de pesage portant la marque de vérification première, et qui réuniront d'ailleurs les conditions exigées jusqu'ici, seront admis à la vérification périodique,

Savoir :

Les mesures décimales de longueur, après qu'on aura fait disparaître les divisions et les noms relatifs aux anciennes dénominations ;

Les mesures décimales pour les matières sèches, quelle que soit l'espèce de bois dont elles seront construites ;

Les mesures décimales en étain, quel que soit leur poids.

Les poids décimaux en fer et en cuivre, quelle que soit leur forme, après qu'on aura fait disparaître l'indication relative aux anciennes dénominations, et pourvu qu'ils portent sur la surface supérieure les noms qui leur sont propres ;

Les poids décimaux à l'usage des balances-bascules, pourvu qu'ils ne portent pas d'autre indication que ceux de leur valeur réelle;

Enfin les romaines dont on aura fait disparaître les anciennes divisions et dénominations, pourvu qu'elles soient graduées en divisions décimales et reconnues oscillantes.

Les poids et mesures décimaux placés dans les catégories qui précèdent, ne pourront être conservés qu'autant qu'ils auront subi avant l'époque de la vérification périodique de l'année 1840 les modifications exigées : ces poids et mesures pourront être rajustés, mais ils ne devront pas être remontés à neuf.

ART. 3. Tous les poids et mesures autres que ceux qui sont provisoirement permis par l'art. 2 de la présente ordonnance, seront mis hors de service à partir du 1er janvier 1840.

ART. 4. Il sera déposé dans tous les bureaux de vérification des modèles ou des dessins des poids et mesures légalement autorisés, pour être communiqués à tous ceux qui voudront en prendre connaissance.

6.

ARTICLES CITÉS DES CODES.

Code civil.

Art. 1585. Lorsque les marchandises ne sont pas vendues en bloc, mais au poids, au compte ou à la mesure, la vente n'est point parfaite en ce sens que les choses vendues sont aux risques du vendeur jusqu'à ce qu'elles soient pesées, comptées ou mesurées ; mais l'acheteur peut en demander ou la délivrance ou des dommages-intérêts, s'il y a lieu, en cas d'inexécution de l'engagement.

Art. 1586. Si, au contraire, les marchandises ont été vendues en bloc, la vente est parfaite, quoique les marchandises n'aient pas encore été pesées, comptées ou mesurées.

Art. 1617. Si la vente d'un immeuble a été faite avec indication de la contenance, à tant la mesure, le vendeur est obligé de délivrer à l'acquéreur, s'il l'exige, la quantité indiquée au contrat.

Et si la chose ne lui est pas possible, ou si l'acquéreur ne l'exige pas, le vendeur est obligé de souffrir une diminution proportionnelle du prix.

Art. 1618. Si, au contraire, dans le cas de l'article précédent, il se trouve une contenance

plus grande que celle exprimée au contrat, l'acquéreur a le choix de fournir un supplément du
prix, ou de se désister du contrat, si l'excédant
est d'un vingtième au-dessus de la contenance déclarée.

ART. 1952. Les aubergistes ou hôteliers sont
responsables, comme dépositaires, des effets ap-
portés par le voyageur qui loge chez eux; le dépôt
de ces sortes d'effets doit être regardé comme un
dépôt nécessaire.

Code d'instruction criminelle.

ART. 154. Les contraventions seront prouvées,
soit par procès-verbaux ou rapports, soit par témoins à défaut de rapports et procès-verbaux ou à
leur appui.

Nul ne sera admis, à peine de nullité, à faire
preuve par témoins outre ou contre le contenu aux
procès-verbaux ou rapports des officiers de police
ayant reçu de la loi le pouvoir de constater les délits ou contraventions jusqu'à inscription de faux.
Quant aux procès-verbaux ou rapports faits par
des agents, préposés ou officiers auxquels la loi
n'a pas accordé le droit d'en être crus jusqu'à inscription de faux, ils pourront être débattus par des
preuves contraires, soit écrites, soit testimoniales,
si le tribunal juge à propos de les admettre.

Code pénal.

Art. 65. Nul crime ou délit ne peut être excusé, ni la peine mitigée, que dans les cas et dans les circonstances où la loi déclare le fait excusable, ou permet de lui appliquer une peine moins rigoureuse.

Art. 423. Quiconque aura trompé l'acheteur sur le titre des matières d'or et d'argent, sur la qualité d'une pierre fausse vendue pour fine, sur la nature de toutes marchandises ; quiconque, par usage de faux poids ou de fausses mesures, aura trompé sur la quantité des choses vendues, sera puni de l'emprisonnement pendant trois mois au moins, un an au plus, et d'une amende qui ne pourra excéder le quart des restitutions et dommages-intérêts, ni être au-dessous de cinquante francs.

Les objets du délit, ou leur valeur, s'ils appartiennent encore au vendeur, seront confisqués ; les faux poids et les fausses mesures seront aussi confisqués, et de plus seront brisés.

Art. 424. Si le vendeur et l'acheteur se sont servis, dans leurs marchés, d'autres poids ou d'autres mesures que ceux qui sont établis par les lois de l'État, l'acheteur sera privé de toute action contre le vendeur qui l'aura trompé par l'usage de poids et de mesures prohibés ; sans préjudice de l'action publique pour la punition tant de cette fraude que de l'emploi même des poids et des mesures prohibés.

La peine, en cas de fraude, sera celle portée par l'article précédent.

La peine pour l'emploi des mesures et poids prohibés sera déterminée par le titre IV du présent Code, contenant les peines de simple police (art. 479, 481).

Art. 463. Dans tous les cas où la peine d'emprisonnement est portée par le présent Code, si le préjudice causé n'excède pas vingt-cinq francs, et si les circonstances paraissent atténuantes, les tribunaux sont autorisés à réduire l'emprisonnement même au-dessous de six jours, et l'amende même au-dessous de seize francs. Ils pourront aussi prononcer séparément l'une ou l'autre de ces peines, sans qu'en aucun cas elle puisse être au-dessous des peines de simple police.

Art. 479. Seront punis d'une amende de onze à quinze francs inclusivement :

5° Ceux qui auront de faux poids ou de fausses mesures dans leurs magasins, boutiques, ateliers ou maisons de commerce, ou dans les halles, foires ou marchés, sans préjudice des peines qui seront prononcées par les tribunaux de police correctionnelle contre ceux qui auraient fait usage de ces faux poids ou de ces fausses mesures (voir l'art. 423) ;

6º Ceux qui emploieront des mesures ou des poids différents de ceux qui sont établis par les lois en vigueur.

ART. 480. Pourra, selon les circonstances, être prononcée la peine d'emprisonnement pendant cinq jours au plus :

2º Contre les possesseurs de faux poids et de fausses mesures ;

3º Contre ceux qui emploieront des mesures ou des poids différents de ceux que la loi en vigueur a établis.

ART. 481. Seront, de plus saisis et confisqués, 1º les faux poids, les fausses mesures, ainsi que les mesures et les poids différents de ceux que la loi a établis.

ART. 482. La peine d'emprisonnement pendant cinq jours aura toujours lieu, pour récidive, contre les personnes et dans les cas mentionnés en l'article 479.

TABLE

DES CHAPITRES

CONTENUS DANS CE VOLUME.

FIN.

Imp. d'Hippolyte TILLIARD rue, St.-Hyacinthe-St.-Michel, 30.

Déci-Mètre.

1   2   3   4   5   6   7   8   9   10

Dixième partie du Mètre de grandeur réelle.

Are 100 Mètres carrés
à 0m,05.

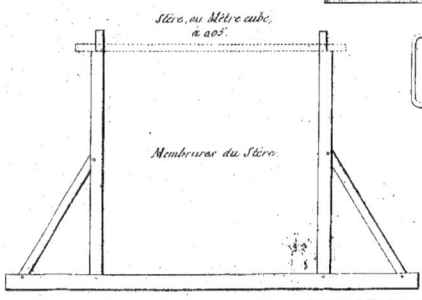

Stère, ou Mètre cube,
à 0m,05.

Membrures du Stère.

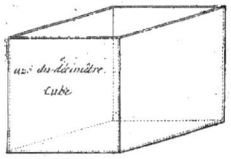

0m,1 du décimètre
cube.

Litre.

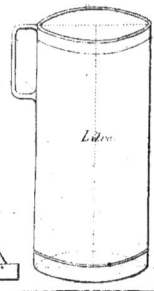

Kilogramme.

Grandeur du poids
de 250 gr.

Gramme.

Imp. de Lemercier, Bénard et C.ie.

MAITRE PIERRE,

ou

LE SAVANT DE VILLAGE ; IN - 18.

Imprim. d'Hippolyte TILLIARD, rue St-Hyacinthe-St-Michel. 30.

www.ingramcontent.com/pod-product-compliance
Lightning Source LLC
Chambersburg PA
CBHW071455200326
41519CB00019B/5746